注浆成型挤扩桩原理及工程应用

胡玉银　陈建兰　阳吉宝　孔德志　著

·上海·

图书在版编目(CIP)数据

注浆成型挤扩桩原理及工程应用 / 胡玉银等著. --上海：同济大学出版社，2022.11
ISBN 978-7-5765-0123-0

Ⅰ. ①注… Ⅱ. ①胡… Ⅲ. ①浇注成型—灌注桩—桩基础 Ⅳ. ①TU473.1

中国版本图书馆 CIP 数据核字(2022)第 005318 号

注浆成型挤扩桩原理及工程应用

胡玉银　陈建兰　阳吉宝　孔德志　著

责任编辑　李　杰　　**责任校对**　徐春莲　　**封面设计**　陈益平

出版发行　同济大学出版社　　www.tongjipress.com.cn
（地址：上海市四平路 1239 号　邮编：200092　电话：021-65985622）
经　　销　全国各地新华书店
排　　版　南京月叶图文制作有限公司
印　　刷　常熟市华顺印刷有限公司
开　　本　710mm×1000mm　1/16
印　　张　11.25
字　　数　225 000
版　　次　2022 年 11 月第 1 版
印　　次　2022 年 11 月第 1 次印刷
书　　号　ISBN 978-7-5765-0123-0

定　　价　69.00 元

前　言

桩基后注浆工法具有工艺简单、设备简易、成本低廉的优点，在工程中应用极为广泛，但美中不足的是，后注浆工法可靠性比较低，制约了其作用的发挥。究其原因，关键在于后注浆不受约束，常常出现跑浆和堵管等现象。2009 年底出差途中，笔者突发奇想，在注浆管和注浆器外套束浆袋，然后将其螺旋缠绕在钢筋笼上，实现约束注浆，束浆袋中水泥浆硬化后在钻孔灌注桩外侧形成螺纹，这样就发明了注浆成型螺纹钻孔灌注桩，更重要的是发明了注浆挤扩成型工艺：利用岩土体可塑性和压缩性比较高的物理力学特性，将高压水泥浆注入桩周束浆装置中，束浆袋在高压水泥浆作用下不断挤扩桩周土体，水泥浆硬化后即在桩周形成螺纹、圆筒等水泥石扩大体。近十多年来，几位同仁一直致力于将注浆挤扩成型工艺与传统桩基技术相结合，先后开发了注浆成型挤扩钻孔灌注桩、钢管桩和预应力管桩，并实现了工程应用，本书就是这些技术创新工作的总结。

本书共分为 9 章。第 1 章分析了影响基桩承载力的因素，介绍了提高基桩承载性能的主要技术，总结了注浆挤扩桩的发展历程。第 2 章介绍了挤扩桩注浆成型工艺原理、力学机理和工艺参数，以及工艺试验成果。第 3 章系统介绍了注浆系统、束浆装置和注浆材料的设计与制作，以及注浆成型施工技术。第 4 章在深入分析注浆成型挤扩桩受力机理的基础上，提出了注浆成型挤扩桩承载力计算方法，并通过工程算例予以验证。第 5 章介绍了注浆成型挤扩桩的主要参数、桩身构造、承载力计算和试桩要求等设计要点。第 6～8 章分别介绍了注浆成型挤扩钻孔灌注桩、钢管桩和预应力管桩的施工工艺、施工流程和施工技术以及工程试验结果。第 9 章总结了注浆成型挤扩桩工程应用典型案例。

注浆成型挤扩桩的开发和推广应用得到了上海市科学技术委员会等单位和专家的大力支持。在本书出版之际，笔者首先要感谢范庆国总工程师和李永盛教授，他们自始至终都给予了笔者热情鼓励和悉心指导。李琰教授级高工、童瑶文高工、谷远朋工程师和张景富工程师为注浆成型挤扩桩的开发和推广应用作出了重要贡献。注浆成型挤扩桩的开发和推广应用还得到了朱灵平高工、裘磊高工、张洁龙高工、周建龙总工程师、包联进总工程师、暴卫宁总工程师和崔晓强博士等专家的鼎力相助，在此一并致以诚挚谢意！

作为新生事物，注浆成型挤扩桩的开发和推广应用时间比较短，其工艺参数、承载力学机理和承载力计算方法等基础理论研究还不够深入，书中难免存在不当之处，还望各位专家和读者指正！

著者

2022 年 4 月

目　　录

1 概 述

桩是深入岩土层的柱状构件，桩与连接桩顶的承台组成深基础，简称桩基础，如图 1-1 所示。桩基础的作用是将上部结构较大的荷载通过桩穿过软弱土层传递到较深的坚实土层上，以解决浅基础承载力不足和变形较大的地基问题。桩基础具有承载力大、沉降小等优点，广泛应用于房屋、桥梁、水利等工程中，尤其适用于建筑在软弱地基上的重型建(构)筑物。在我国沿海软土地区，桩基础应用非常广泛。

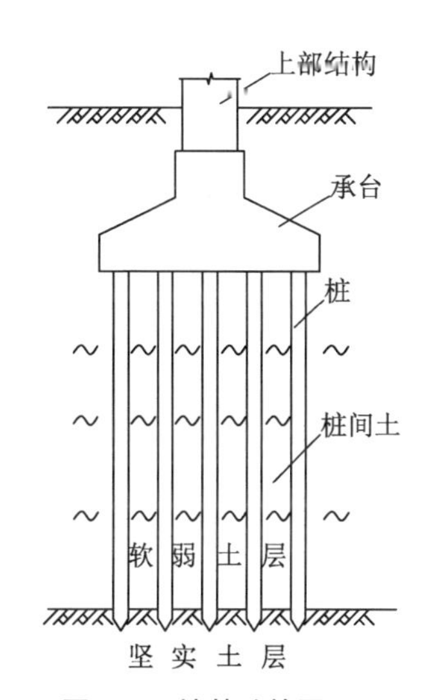

图 1-1 桩基础简图

桩可按承载性状、桩身材料、使用功能和成桩工艺等进行分类。

(1) 按承载性状分：摩擦桩、端承摩擦桩、端承桩和摩擦端承桩。

(2) 按桩身材料分：钢筋混凝土桩、钢桩、木桩、灰土桩和砂石桩。

(3) 按使用功能分：竖向抗压桩、竖向抗拔桩、水平受荷桩和复合受荷桩。

(4) 按成桩工艺分：非挤土桩、部分挤土桩和挤土桩。

1.1 基桩承载性能的影响因素

单桩轴向荷载传递机理如下：当竖向荷载逐步施加于单桩桩顶时，桩身上部受到压缩而产生相对于土体向下的位移，与此同时，桩侧表面受到周围土体向上的摩阻力，如图 1-2 所示。桩身荷载通过所发挥出来的桩侧摩阻力传递到桩周土体中去，致使桩身荷载和桩身压缩变形随深度递减。在桩土相对位移为零处，土体的摩阻作用尚未开始发挥，因而摩阻力等于零。随着桩顶荷载的增加，桩身压缩量和位移量增大，桩身下部周围土体的摩阻作用随之逐步得到发挥，最终桩底土层也因此受到压缩而产生桩端阻力。桩端土层压缩量加大了桩土相对位移，从而使土体的摩阻作用进一步发挥。当桩身摩阻力全部发挥出来达到极限后，如果继续增加荷载，其荷载增量将完全由桩端阻力承担。当桩端阻力发挥至极限时，桩端持力层被大量压缩，桩端土体发生塑性流动，桩身位移显著增加。此时桩顶承担的荷载就是桩的极限承载力。

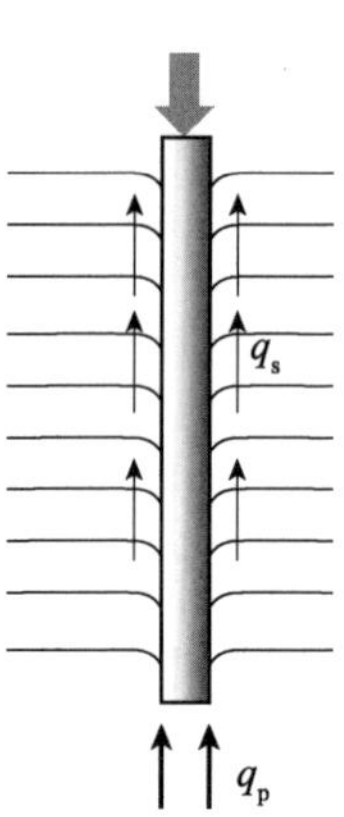

从桩的荷载传递机理可以看出，桩顶荷载要通过桩身传递至桩侧和桩底土层中，因此，桩的承载性能主要受桩身特性、土体特性和施工工艺影响。

q_s

q_p

图 1-2　轴向荷载传递机理示意图

1. 桩身特性

桩的承载特性受桩的强度和刚度的影响。桩顶荷载必须通过桩身传递至桩侧和桩端土层，因此，桩身强度对桩的承载性能有重要影响，必须满足承载需要，这在端承桩中尤其如此。在摩擦桩中，桩的刚度对桩的承载性能也有一定影响。当桩的刚度较小时，桩顶的位移较大而桩底的位移较小，桩顶处桩侧摩阻力通常较大；当桩的刚度较大时，桩身各截面位移较接近，由于桩下部侧面土的初始法向应力较大，土的抗剪强度也较大，以致桩下部侧摩阻力大于桩上部侧摩阻力。

桩的承载特性受桩的截面形状和大小的影响。桩的截面形状和大小对桩侧摩阻力和桩端阻力都有显著影响。桩的截面形状越复杂(异形)、横截面越大、长度越长，桩侧摩阻力越大；桩的横截面越大，桩端阻力也越大。因此，桩的形状和大小对桩的承载性能有显著影响。

2. 土体特性

桩顶荷载最终要通过桩侧和桩底土体传递至深部土层，因此，桩侧和桩底土体特性对桩的承载性能有显著影响。桩侧土体的抗剪强度越高，桩底土体的强度越低，则桩的承载性能越接近摩擦桩。相反，桩侧土体的抗剪强度越低，桩底土体的强度越高，则桩的承载性能越接近端承桩。桩身荷载都是通过桩土结合面逐步向外围和深层土体传递的，因此，桩土结合面处土体强度对桩的承载性能有显著影响。

3. 施工工艺

桩土结合面处土体强度不仅取决于土体自身特性，而且取决于桩的施工工艺。如果采用打(压)入工艺，桩基施工过程中将强烈挤压桩身周围土体，使其密实、强化，桩侧摩阻力明显提高，桩的承载性能明显改善。如果采用钻(挖)孔灌注桩工艺，成孔过程中，桩身周围土体将受到扰动，强度有所降低，特别是采用泥浆护壁时，桩土结合面的强度将大大降低，桩侧摩阻力明显减小，桩的承载性能明显劣化。

1.2 提高基桩承载性能的方法

既然桩的承载性能主要受桩身特性、土体特性和施工工艺的影响，那么提高基桩承载性能也就可以从改善桩身特性、土体特性和施工工艺入手。

1.2.1 变截面法

桩身特性中的强度、刚度和长度都是比较容易改善的特性，需要优化的是桩的形状特性，因此，开发高效的形状特性的基桩是目前桩基础工程技术研究的重点。变截面法就是通过改变桩的横截面和纵截面形状，增加桩的比表面积，以达到提高桩侧摩阻力和桩承载力的目的。变截面法包括横向变截面法和纵向变截面法。

横向变截面法是将桩截面变化为非圆形或方形截面的方法。横向变截面桩主要有三角形桩、六角形桩、八角形桩、外方内圆空心桩、外方内异空心桩、十字形桩、H 形桩、I 形桩、丁形桩及壁板桩等。纵向变截面法是将桩的横截面随深度而变化的方法。纵向变截面桩主要有扩底桩、多级扩径桩、分段扩底（变径）桩和组合型桩等。表 1-1 所示为横向变截面桩。

表 1-1 横向变截面桩

类别	桩形及截面形式	钢桩	预制或现场灌注 钢筋混凝土桩
A	H 形桩 	H 形钢桩 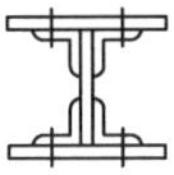	预制 H 形槽板桩 
		宽翼 H 形支载桩 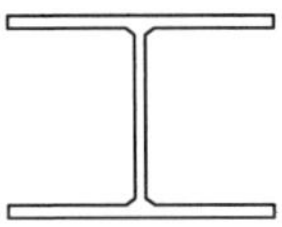	地下连续墙（地下桩构件） 
B	三角形桩 	三角形钢桩 	预制钢筋混凝土三角形桩 

（续表）

类别	桩形及截面形式	钢桩	预制或现场灌注钢筋混凝土桩
C	十字形桩	十字形钢桩	混凝土构件桩
D	I形桩		混凝土构件桩
E	其他异形桩 TL CZ …	FSP-VIL 拉森板桩	机挖(钻)异形灌注桩 套管护壁法——贝诺特灌注桩 (各种异形桩) (钢筋混凝土异形板桩)

通过改变桩的横截面的几何特性，在相同的桩身材料条件下，变截面桩的比表面积比传统的圆形桩或方形桩大，因此具有更大的桩侧摩阻力，最大程度地发挥地基土(岩)和桩本身的潜在能力，节约了原材料。因此，工程技术人员长期致力于变截面桩的开发，并取得了丰硕成果。目前相对比较成熟、工程应用比较广泛的变截面桩有螺旋桩、螺纹(杆)桩、扩底桩和支盘桩。

1. 螺旋桩

螺旋桩是带有螺旋状圆钢板的钢管桩，由钢管和螺旋状的圆钢板组成，圆钢板(螺盘)焊接在钢管上，制作完成后采用防锈保护漆或阴极电解法防腐，如图 1-3 所示。桩身钢管直径在 146～180 mm 之间，直径和壁厚随深度变化，直径上大下小，壁厚上厚下薄。螺盘层数视地质条件而定,可为单层或多层。一般为单层,焊在钢管底部;多层时要有足够层距,以充分发挥螺盘的支承作用。螺盘直径在800~1 200 mm之间,圆钢板厚度在6~10 mm之间。螺旋桩采用人工、液压或电动设备分段旋入土中,桩身采用焊接连接,旋入至设计标高后,在管内灌注混凝土,以防内部锈蚀和提高承载力,如图1-4所示。

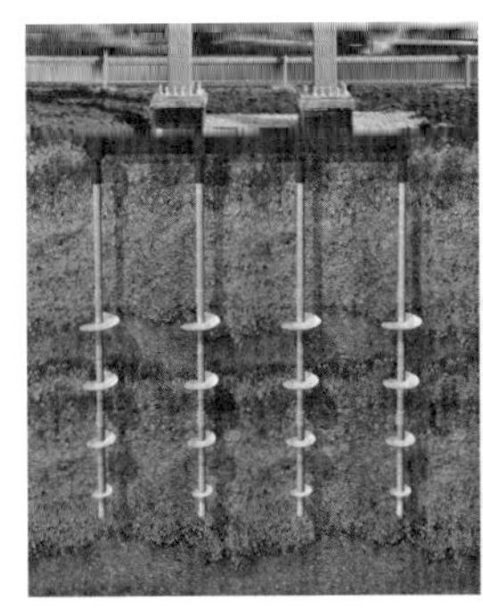

图1-3 螺旋钢管桩

图1-4 螺旋桩施工

螺旋桩是一种历史悠久的桩型,1833年,爱尔兰土木工程师亚历山大·米切尔(Alexander Mitchell)发明了螺旋桩,并于1836年首先用作船舶锚桩。与传统桩相比,螺旋桩具有施工速度快(不需养护)、环境影响小(无振动)和可循环利用等显著优点。但是受施工工艺和设备所限,螺旋桩的长度和直径以及承载力都比较小,因此应用范围比较小,多用于公路路灯、标识牌等轻型结构物的基础。

2. 螺纹(杆)桩

螺纹桩是外形呈螺纹状的桩,如图1-5所示。螺杆桩是圆形桩与螺纹桩的组合桩,即上部为圆柱形,下部为螺纹形,如图1-6所示。自1966年法国科学家古斯塔夫·格里莫(Gustave Grimaud)发明了螺纹灌注桩以来,螺纹桩桩型不断丰富,施工工艺和设备更加多样。

图1-5 螺纹桩实景照片

目前,螺纹桩施工工艺有预制旋入和钻孔灌注两种。

(1) 预制旋入工艺。螺纹桩在工厂预制成型,然后采用专用设备对预制螺纹桩施加扭矩，将其旋入土中。日本 FUKUEI KOSAN 公司就开发过螺旋形钢筋混凝土预制桩及旋入施工工艺与设备，如图 1-7 所示。预制旋入螺纹桩具有施工工艺简单、施工质量易控的优点。但是由于采用旋入工艺施工，因此对螺纹桩桩身强度和施工装备的要求都比较高，桩长和桩径都比较小，承载能力极为有限，导致推广应用价值不高。

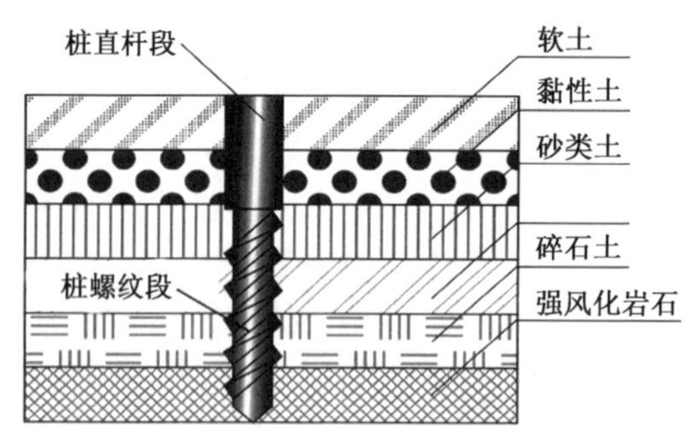

图 1-6　螺杆桩示意图

图 1-7　螺旋形钢筋混凝土预制桩施工

(2) 钻孔灌注工艺。螺纹桩在施工现场灌注成型。首先预成孔，孔径为灌注螺纹桩外径的 30%～60%，然后采用特殊的长螺纹钻杆顺时针旋转下钻至设计深度，形成带螺纹的钻孔，再逆时针旋转并提钻，提钻的同时由钻杆内空芯高压泵入细石混凝土或砂浆，最后待钻杆提离地面后，将钢筋笼插入桩身混凝土，成桩完成，如图 1-8 所示。提钻至直杆段与螺纹段变径截面深度，改为顺时针旋转提钻，

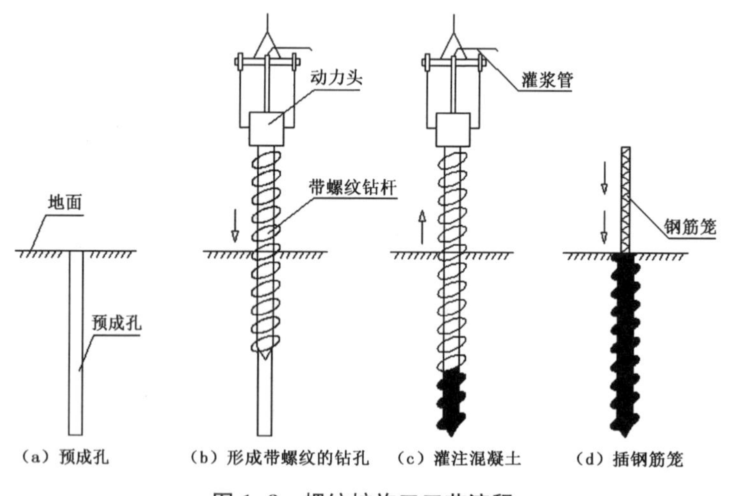

图 1-8　螺纹桩施工工艺流程

将上部桩孔螺纹扫掉，同时连续泵送混凝土，形成直杆段，提离地面后成桩完成。

螺纹钻孔灌注桩具有材料利用率高的优点：在相同的承载力要求下，比普通灌注桩节约材料50%以上，在承担相同荷载的情况下可缩短桩长、减小桩径或减少桩数，从而节省桩基费用。但是螺纹灌注桩也具有明显缺陷：一是地层适应性差，只适用于地层比较稳定、强度适中的黏土、粉土和砂土层，不适用于松散土层或硬土层，如硬塑黏土、密实砂土以及砾石层；二是施工工艺环节多，设备投入大，较传统钻孔灌注桩增加了螺纹成型环节，并且需要专用施工机械（图1-9）；三是承载力小，受施工工艺和设备能力所限，螺纹桩的长度和直径都比较小，因此，施工深度小，承载力普遍不高，一般在700 kN左右，最大不超过1 000 kN，难以完全满足工程建设需要。这些缺陷严重制约了螺纹钻孔灌注桩的推广应用。

图1-9　螺纹钻孔灌注桩桩机

图1-10　扩底桩示意图

3. 扩底桩

扩底桩是底部直径大于上部桩身直径的灌注桩，如图1-10所示。扩底桩承载性能优异，特别能够发挥桩端土层承载力大的优势，因此是变截面桩中最重要的桩型之一，一直是桩基工程技术研究热点。扩底灌注桩主要有沉管夯扩成型和机械切削成型两种工艺，其中机械切削成型扩底工艺应用更为广泛。

（1）沉管夯扩成型工艺，由比利时工程师艾德·福兰克诺拉（Edgard Frankignoul）于1909年发明，它属于沉管灌注桩施工工艺，即总体施工工艺与沉管灌注桩相同，先采用沉管法成孔，再下放钢筋笼，最后浇灌混凝土成桩。沉管夯扩灌注桩先采用沉管法将钢管沉入土中至设计标高，然后采用夯扩法将钢管内的干硬性混凝土打入土中，在桩端形成扩大头，最后放入钢筋笼，灌注混凝土形成扩底桩。其施工工艺流程如图1-11所示。

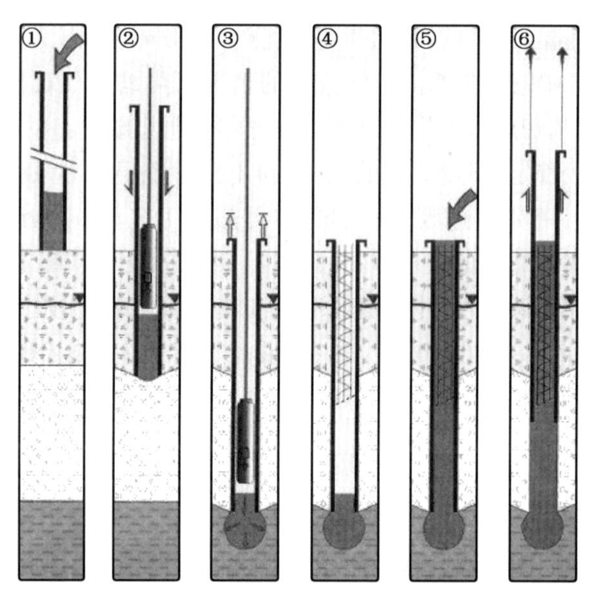

图 1-11　沉管夯扩成型扩底桩施工工艺流程

(2) 机械切削成型工艺,属于钻孔灌注桩施工工艺,即总体施工工艺与钻孔灌注桩相同,先钻探成孔,再下放钢筋笼,最后浇灌混凝土成桩。钻孔扩底灌注桩是先将等直径钻孔方法形成的桩孔钻进到预定的深度,然后换上扩孔钻头,撑开钻头的扩孔刀刃使之旋转切削地层扩大孔底,最后放入钢筋笼,灌注混凝土形成扩底桩。其施工工艺流程如图 1-12 所示。

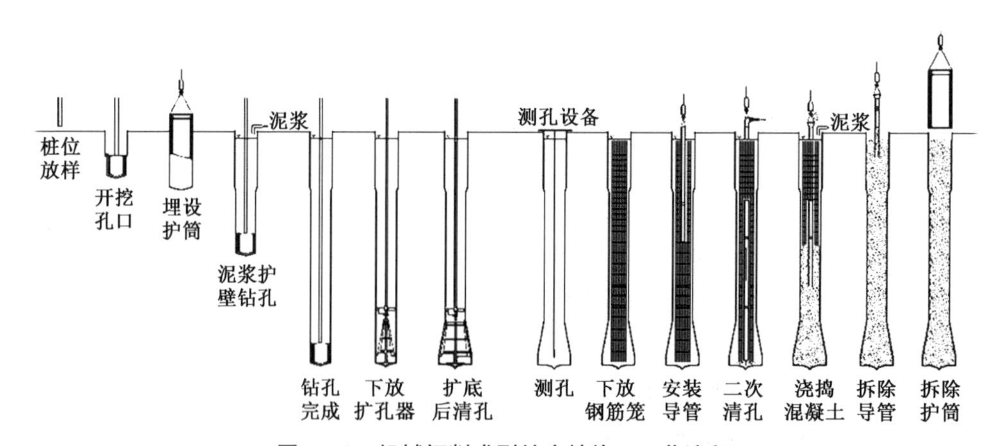

图 1-12　机械切削成型扩底桩施工工艺流程

扩底桩是一种承载效率极高的桩型，它通过桩底扩大头增加了有效承载面积，提高了桩基承载力，进而显著提高了材料利用效率。但是扩底桩现有施工工艺还存在一定缺陷。沉管夯扩成型工艺环境影响大，应用范围受到限制。机械切削成型工艺施工安全、环境影响小、机械化程度高，应用更为广泛。但是也存在一定缺陷：一是工艺环节多，钻孔完成后还需采用专用机具扩底，施工时间长；二是设备投入大，扩底所需设备功能复杂，性能要求高，如图 1-13 所示；三是施工质量控制难，混凝土浇捣时，沉渣极易淤积在扩底部位，形成虚土，降低桩基承载力；四是土层适应性差，土层稳定性差时，扩底很难成型。

图 1-13 机械切削成型扩底桩施工设备

图 1-14 支盘桩

4. 支盘桩

支盘桩是带支盘的钻孔灌注桩，是由传统的钻孔灌注桩通过设置承力支盘发展而来。桩身由主桩、底盘、中盘、顶盘及支盘组成，如图 1-14 所示。目前支盘桩施工工艺有切削成型和挤扩成型两种。

（1）切削成型工艺，属于钻孔灌注桩施工工艺，即总体施工工艺与钻孔灌注桩相同，先成孔，再下放钢筋笼，最后浇捣混凝土，只是成孔过程增加了支盘成型环节。日本开发的 Me-Ag 工法采用的就是支盘桩的切削成型工艺，其施工设备和施工流程分别如图 1-15、图1-16 所示。Me-Ag 工法成孔过程主要包括三大步骤：①采用传统钻孔工艺形成桩身主体孔（直身段孔）；②采用扩底工艺形成支盘上部空腔；③最后采用扩孔器进行桩端扩孔。

图 1-15　Me-Ag 工法施工设备

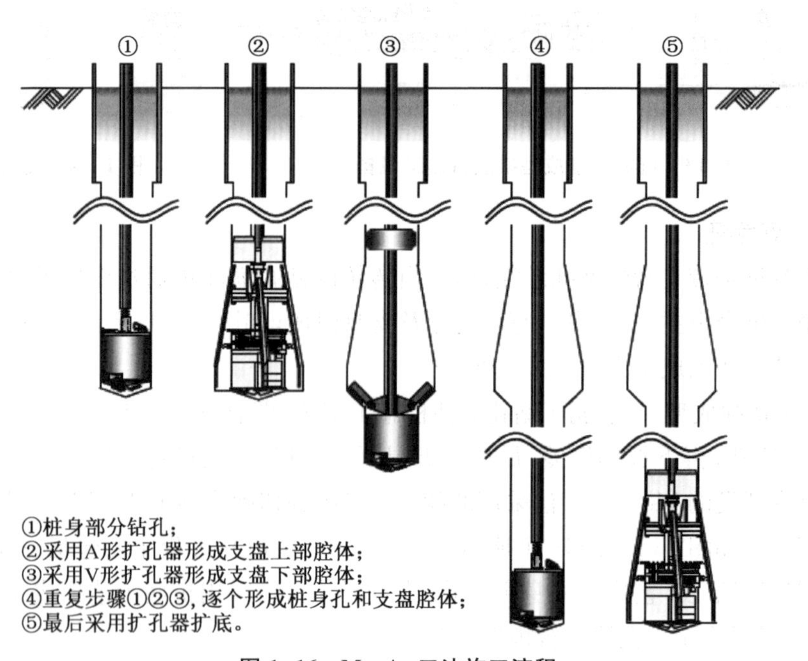

图 1-16　Me-Ag 工法施工流程

(2) 挤扩成型工艺,支盘桩采用钻孔成型和液压挤扩成型相结合的工艺施工,即首先采用传统钻孔工艺成孔,然后采用液压挤扩工艺形成支盘空腔,最后下放钢筋笼,灌注混凝土成桩。其施工工艺流程如图 1-17 所示。

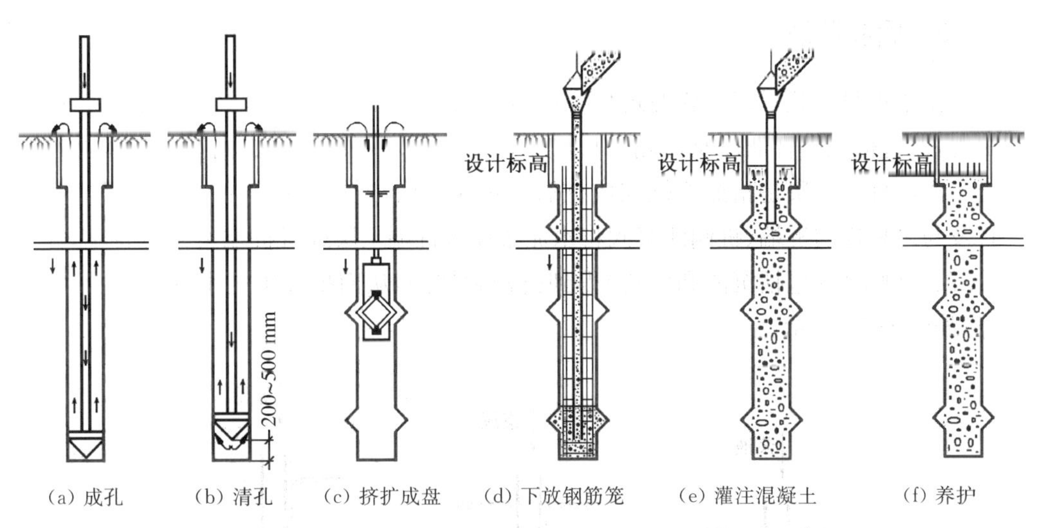

图 1-17 支盘桩挤扩成型施工工艺流程

支盘桩通过在承载能力优良的地层中设置承力支盘,扩大了与持力层的接触面积,充分利用了桩身范围内各层土体的承载力以提高单桩承载力,从而提高桩基承载效率,其单方混凝土提供的竖向承载力大约为普通灌注桩的 2 倍,是一种材料利用效率比较高的新桩型。因此,自 20 世纪 90 年代原北京俊华集团董事长张俊生发明挤扩支盘桩以来,其在我国地质条件比较好的北方地区得到推广应用。当然,支盘桩也存在一定缺陷:一是地层适应性比较差,只适用于比较稳定、强度适中的黏土、粉土和砂土层,不适用于松散软弱土层,在松散软弱土层中挤扩支盘易造成孔壁失稳,难以保证施工质量;二是施工工艺环节多,设备投入大,较传统钻孔灌注桩增加了挤扩成型环节,并且需要专用施工机械(图 1-18),施工工效比较低,施工成本比较高。

图 1-18 支盘桩挤扩成型装置

综上所述,变截面桩形状复

杂，施工难度大，施工设备要求高，增加了施工成本，降低了变截面桩的经济性。另外，变截面桩的承载机理复杂，施工质量控制比较困难，因此，在一定程度上制约了其推广应用。

1.2.2 后注浆法

由于桩身荷载最终都要通过桩土结合面及桩侧和桩底土体向深部土层传递，因此，改善桩土结合面以及桩侧和桩底土体力学性质可以显著提高基桩的承载性能。灌注桩后注浆是指灌注桩在成桩后一定时间内，通过预设于桩身内的注浆导管及与之相连的桩端、桩侧注浆阀将水泥浆注入桩端土层或者桩端集浆装置中，使桩端、桩侧土体（包括沉渣和泥皮）得到挤密和加固，从而提高单桩承载力，减小沉降，如图 1-19 所示。

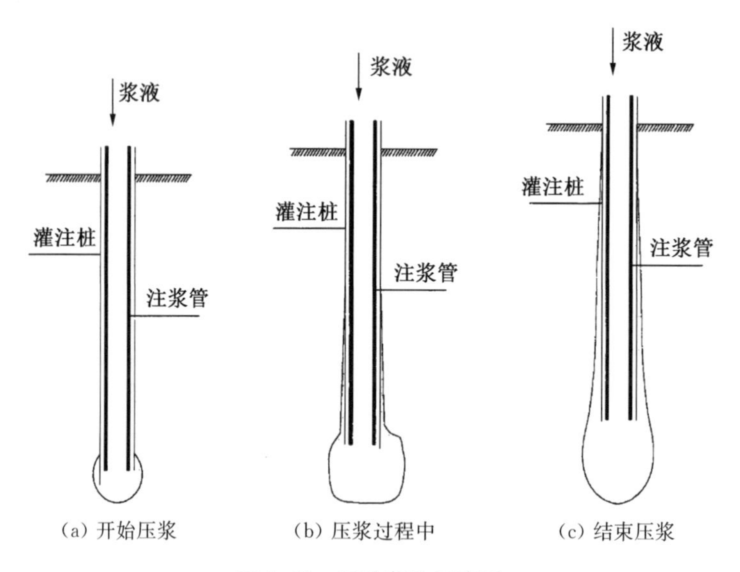

图 1-19 后注浆法示意图

后注浆法根据加固部位不同可分为桩端后注浆、桩侧后注浆和桩端桩侧联合后注浆三种。

1. 桩端后注浆

桩端后注浆按注浆工艺可分为闭式后注浆和开式后注浆两种。

闭式后注浆的工艺原理是，将预制的弹性良好的腔体（又称承压包、预承包、注浆胶囊等）或压力注浆室随钢筋笼放入孔底；成桩后，在压力作用下，把浆液注入腔体内；随注浆压力和注浆量的增加，弹性腔体逐渐膨胀、扩张，在桩端土层中形成浆泡,浆泡逐渐扩大压密沉渣和桩端土体,并用浆体取代(置换)部分桩端土层;在压密的同时,桩端土体及沉渣排出部分孔隙水;再进一步增加注浆压力和注浆量,水泥浆土体扩大头逐渐形成,压密区范围也逐渐增大,直至达到设计要求为止。

开式后注浆的工艺原理是,把浆液通过注浆管(单根、双根或多根),经桩端预留的注浆空腔、注浆通道、特殊注浆装置等,直接注入桩端土体、岩体中,浆液与桩端沉渣和周围土体呈混合状态,呈现出渗透、填充、置换、劈裂等效应,在桩端显示出复合地基的效果。

2. 桩侧后注浆

桩侧后注浆采用开式后注浆工艺,即在钢筋笼上安放注浆管路,与钢筋笼一同下放至钻孔中,完成混凝土浇捣并养护到位,高压水泥浆通过桩侧注浆管路向桩侧土体渗透,起到加固孔壁泥皮和桩周土体的目的。根据注浆花管设置方式,桩侧后注浆可分为以下两种形式:①沿钢筋笼纵向布置注浆花管;②沿钢筋笼环向布置注浆花管。

闭式后注浆工艺复杂,成本高,性价比不高,国内很少使用。开式后注浆工艺简单,成本低,性价比较高,因此应用更为广泛。桩端和桩侧开式后注浆通过劈裂注浆与渗透注浆加固桩土结合面以及桩侧和桩底土体。在渗透性强的砂性土体中,以渗透注浆为主;在渗透性弱的黏性土体中,以劈裂注浆为主。浆液进入土体通过挤密、固化使桩底沉渣、钻孔壁泥皮以及桩侧和桩底松散土体成为具有一定强度的"结石体"。

后注浆法具有施工工艺简单、施工设备简易的优点。但不论是渗透注浆还是劈裂注浆,浆液一旦进入土体就不受约束,极易沿着渗流通道向压力小的地方溢出,而不是渗透进入需要加固的土体部位,加固效果离散性比较大,可靠性比较低,工程中只能有限度地采用后注浆法提高桩基承载力,经济效益不明显,因此严重制约了后注浆法的推广应用。

1.3 注浆成型挤扩桩的发展概况

1.3.1 开发经过

针对后注浆和扩底桩现有施工工艺存在的不足,笔者团队自 2009 年开始开发注浆成型挤扩桩。注浆成型挤扩桩的开发历经注浆成型螺纹桩、注浆成型挤扩桩两个阶段。

注浆成型螺纹桩的开发是从改进后注浆工艺开始的。针对后注浆工艺水泥浆液不受约束、无序渗流造成注浆效果离散性大的缺陷，萌发了在注浆管外套装束浆袋，将水泥浆约束在钻孔灌注桩周围形成螺纹，以提高后注浆工法可靠性的创意。基于这一构想，2010 年 3 月 19 日以“螺纹灌注桩施工方法”申请了国家发明专利，2011 年 8 月 17 日获得授权（专利号：ZL201010128733.5）。工艺试验以及上海汇豪商务广场和上海万科翡翠滨江的工程试验表明，注浆成型螺纹桩施工工艺是可行的。

注浆成型挤扩桩是从改进注浆成型螺纹桩施工工艺开始的。在注浆成型螺纹桩的工程试验研究中发现，该工艺存在施工作业繁琐、束浆袋保护困难等缺陷。针对注浆成型螺纹灌注桩施工工艺存在的缺陷，激发了将圆柱形束浆袋安装在桩底，通过注浆成型形成扩大头的创意。基于这一构想，2012 年 4 月 16 日以“注浆成型扩底钻孔灌注桩的施工方法及其挤扩装置”申请了国家发明专利，2014 年 8 月 13 日获得授权（专利号：ZL201210111519.8）。工艺试验以及上海市大唐盛世花园四期和上海虹桥万科中心的工程试验表明，注浆成型挤扩灌注桩施工工艺是可行的。在此基础上，先后发展了注浆成型挤扩钢管桩和注浆成型挤扩预应力管桩，并在周康航拓展基地 C-04-01 动迁房安置项目、上海建工医院 3 号楼和七宝镇万科 35 号二期地块成功进行了工程试验。注浆成型挤扩桩开发过程中共申请国家专利 9 项（表 1-2），其中 4 项获得发明专利授权，5 项获得实用新型专利，表明注浆成型挤扩桩开发具有很强的原创性，具有完全自主知识产权（图 1-20）。

表 1-2　注浆成型挤扩桩专利成果

序号	专利名称	专利(申请)号	专利类型	法律状态
1	螺纹灌注桩施工方法	ZL201010128733.5	发明专利	授权
2	注浆成型扩底钻孔灌注桩的施工方法及其挤扩装置	ZL201210111519.8	发明专利	授权
3	注浆成型扩底桩及其施工方法和扩底装置	ZL201310048265.4	发明专利	授权
4	螺纹灌注桩桩侧注浆压力大小的测试装置	ZL201210262000.X	发明专利	授权
5	注浆成型变截面钢管桩扩挤装置	ZL201420463934.4	实用新型	授权
6	螺纹灌注桩施工结构	ZL201020136436.0	实用新型	授权

（续表）

序号	专利名称	专利(申请)号	专利类型	法律状态
7	注浆成型扩底钻孔灌注桩的挤扩装置	ZL201220160951.1	实用新型	授权
8	螺纹灌注桩桩侧注浆压力大小的测试装置	CN201220366094.0	实用新型	授权
9	注浆成型扩底桩及扩底装置	201320070187.3	实用新型	授权

证书号第1459619号

发明专利证书

发明名称：注浆成型扩底钻孔灌注桩的施工方法及其挤扩装置

发明人：胡玉银；孔德志；阳吉宝；陈建兰

专利号：ZL 2012 1 0111519.8

专利申请日：2012年04月16日

专利权人：上海市建工设计研究院有限公司
上海市第四建筑有限公司

授权公告日：2014年08月13日

本发明经过本局依照中华人民共和国专利法进行审查，决定授予专利权，颁发本证书并在专利登记簿上予以登记。专利权自授权公告之日起生效。

本专利的专利权期限为二十年，自申请日起算。专利权人应当依照专利法及其实施细则规定缴纳年费。本专利的年费应当在每年04月16日前缴纳。未按照规定缴纳年费的，专利权自应当缴纳年费期满之日起终止。

专利证书记载专利权登记时的法律状况。专利权的转移、质押、无效、终止、恢复和专利权人的姓名或名称、国籍、地址变更等事项记载在专利登记簿上。

局长
申长雨

证书号第1711653号

发明专利证书

发明名称：注浆成型扩底桩及其施工方法和扩底装置

发明人：胡玉银；孔德志；陈建兰；朱小军

专利号：ZL 2013 1 0048265.4

专利申请日：2013年02月06日

专利权人：上海市建工设计研究院有限公司
上海建工四建集团有限公司

授权公告日：2015年07月01日

本发明经过本局依照中华人民共和国专利法进行审查，决定授予专利权，颁发本证书并在专利登记簿上予以登记。专利权自授权公告之日起生效。

本专利的专利权期限为二十年，自申请日起算。专利权人应当依照专利法及其实施细则规定缴纳年费。本专利的年费应当在每年02月06日前缴纳。未按照规定缴纳年费的，专利权自应当缴纳年费期满之日起终止。

专利证书记载专利权登记时的法律状况。专利权的转移、质押、无效、终止、恢复和专利权人的姓名或名称、国籍、地址变更等事项记载在专利登记簿上。

局长
申长雨

图 1-20　注浆成型扩底桩授权专利证书

1.3.2　应用情况

注浆成型挤扩桩开发自始至终都得到许多建设单位、设计人员和专家学者的大力支持。2014 年 4 月在周康航拓展基地 C-04-01 动迁安置房地块项目进行了注浆成型挤扩钢管桩和注浆成型挤扩预应力管桩工程试验，并在设计单位以及上海市住房和城乡建设管理委员会科学技术委员会的支持下，将注浆成型挤扩钢管桩作为抗拔桩成功应用于该地块地下车库工程中，为注浆成型挤扩桩推广应用首开先河。工程应用表明，注浆成型挤扩桩技术上是成熟的、质量上是可靠的、经济上是节约的。2015 年 5 月在上海建工房产有限公司的支持下，成功将注浆成型挤扩预应力管桩和注浆成型挤扩钢管桩分别作为抗压桩和抗拔柱应用于上海浦江镇

125-2 地块商办楼工程，取得了施工工效提高 1 倍、桩基造价降低逾 30%的显著成效，再一次验证了注浆成型挤扩桩的优异性能。2018 年注浆成型挤扩钻孔灌注桩工程应用取得重大突破，在专家和设计单位的支持下，注浆成型挤扩钻孔灌注桩首先成功应用于深圳坪山世茂中心，至今已在 8 个工程中推广应用(表 1-3)，取得了良好的经济效益，共计节约成本超过 2 000 万元。

表 1-3　注浆成型挤扩钻孔灌注桩应用案例

序号	工程名称	应用范围	桩基规格	桩基类型	施工时间
1	深圳坪山世茂中心	4F 地下室	ϕ 800	抗拔	2019 年
2	绍兴世茂云樾府	26F 主楼	ϕ 700	抗压	2019 年
3	温州旭辉世茂招商鹿宸印	2F 地下室	ϕ 700	抗拔兼抗压	2019 年
4	温州世茂璀璨瓯江	2F 地下室	ϕ 700	抗拔兼抗压	2020 年
5	常熟世茂世纪中心 4 幢	2F 地下室	ϕ 650	抗拔兼抗压	2020 年
6	温州美的旭辉城	2F 地下室	ϕ 700	抗拔兼抗压	2021 年
7	绍兴世茂美的云筑	2F 地下室	ϕ 600	抗拔兼抗压	2021 年
8	世茂桐乡世御酒店	27F 主楼、2F 地下室	ϕ 700	抗压、抗拔	2021 年

1.3.3　发展展望

任何新生事物的发展都不会一帆风顺，原创性技术尤其如此，注浆成型挤扩桩也不例外。近年来，课题组积极推广应用注浆成型挤扩桩，有的项目应用方案已经编制完成并且通过设计单位和专家审查，有的项目甚至在业主许可下进行了工程试桩，试桩结果完全能够满足国家规范和设计要求，经济效益也非常显著，但是由于注浆成型挤扩桩工程业绩还比较少，许多工程技术人员和工程管理人员对其了解不够多，对其安全可靠性难免心存疑虑，最终导致注浆成型挤扩桩在这些项目未能成功应用，甚为遗憾!

尽管注浆成型挤扩桩的发展历经坎坷，但是我们仍然坚信它拥有广阔的推广应用前景。

首先，注浆成型挤扩桩技术上是成熟的。注浆成型挤扩桩是典型的施工工艺创新的产物，不涉及建筑材料和施工设备的重要变化。注浆成型挤扩桩的桩身分别为钻孔灌注桩、钢管桩和预应力管桩，都是目前工程应用非常广泛的桩型，其施工技术极为成熟。注浆成型挤扩桩与传统扩底桩的根本不同就是桩的扩体成型工艺。注浆成型挤扩桩采用向桩底密闭装置中注入水泥浆的工艺扩体，施工工艺非常简单，涉及的所有施工作业都是常规作业，工程技术人员和施工操作人员极易掌握。

其次，注浆成型挤扩桩质量上是可靠的。注浆成型挤扩桩的桩身，无论是钻孔灌注桩，还是钢管桩和预应力管桩，加工制作与施工技术都非常成熟，相关施工技术与质量管理的规范标准完备，施工质量是完全可以保证的。注浆成型挤扩桩扩体部分的施工工艺极为简单，涉及的所有施工作业易于操作。作为关键施工作业，水泥浆注入是在有束浆袋约束的情况下进行的，只要保证束浆袋密闭、注浆管路通畅和注浆足量，就一定能够在桩身底段形成设计所需规格的扩体段，扩体质量是可靠的，这已为工艺试验、工程试验和工程应用所一再验证。

最后，注浆成型挤扩桩经济上是节约的。注浆成型挤扩桩拥有卓越的承载性能，在相同承载能力要求的情况下，其桩长可以较传统工程桩的短，或其桩径可以较传统工程桩的小，因此能够大大节约桩身材料消耗量和施工作业工作量，降低工程造价。另外，注浆成型挤扩桩的施工工艺流程非常合理，注浆挤扩所涉及的相关施工作业都可以穿插在其他施工作业过程中，不占绝对工期。特别是在注浆成型挤扩钢管桩和预应力管桩施工中，钻机只负责成孔，后续施工作业无需钻机配合，且后续施工作业与成孔完全可以流水进行，不占绝对工期，这样成孔成为工期控制关键环节，在同样设备配置的情况下，施工工效提高 1 倍以上，工期可以大大缩短，经济效益极为显著。

注浆成型挤扩桩推广应用难度大，既有外部原因，也有自身原因。一方面，土木工程往往投资巨大，因此，参与工程建设的有关各方都对质量风险控制极为关注，一般不太愿意采用工程业绩不多的创新技术和产品，这是土木工程行业新技术推广应用难度大的根本原因。作为原创性非常突出的新技术和新产品，注浆成型挤扩桩也不例外。另一方面，作为一项创新技术和产品，注浆成型挤扩桩自身也有需要完善的地方，比如，设计和施工技术规范标准不完善，工程业绩还不够多，在工程界的影响力还不够大。因此，今后要加强理论研究和技术总结，完善技术规范标准。要通过理论研究、室内试验和工程试验，进一步厘清注浆成型挤扩桩的承载机理，完善设计与施工技术规范和标准，为推广应用奠定扎实的理论基础，创造良好的规范条件。

2 挤扩桩注浆成型原理

2.1 挤扩桩注浆成型工艺原理

2.1.1 发展简介

与所有技术创新一样，挤扩桩注浆成型工艺的创新也遵循提出、发展和完善的艰苦探索过程。挤扩桩注浆成型工艺的提出是从改进桩基后注浆工艺开始的，首先开发了注浆成型螺纹钻孔灌注桩，然后发展了注浆成型挤扩钻孔灌注桩、钢管桩和预应力管桩，最终形成了包含系列产品的注浆成型挤扩桩。

1. 注浆成型螺纹钻孔灌注桩

1) 工艺提出

后注浆工法是提高钻孔灌注桩承载性能比较简易的方法，它具有工艺简单、设备简易、成本低廉的优点，因此在工程中应用极为广泛。但美中不足的是，后注浆工法可靠性比较低，因此，设计人员往往将后注浆技术作为安全储备性技术措施，这样，后注浆工法提高钻孔灌注桩性价比的作用就难以体现。

后注浆工法可靠性之所以比较低，关键在于水泥浆液从注浆管流出以后就不受约束。当土体中不存在渗流通道时，水泥浆将聚集在桩土结合面附近土体中，钻孔灌注桩周围土体以及桩土结合面将得到有效加固，钻孔灌注桩承载力提高就会非常显著；但是，当土体中存在渗流通道时，水泥浆液就会沿着渗流通道流失，钻孔灌注桩周围的土体以及桩土结合面得不到有效加固，钻孔灌注桩承载力提高就会微乎其微。

基于以上分析，笔者萌发了在注浆管外套装束浆袋，将水泥浆约束在钻孔灌注桩周围，以提高后注浆工法可靠性的创意。一方面，注入的水泥浆体将对钻孔灌注桩周围土体形成较大压力，将其压密强化，显著提高土体强度；另一方面，束浆袋中水泥浆体固化以后将在钻孔灌注桩周围形成突出物，显著提高桩土咬合力。这样既可以提高后注浆工法的可靠性，又可以大幅度提高钻孔灌注桩的承载性能。最初的构想是，在环状注浆管外套装束浆袋，形成竹节状的钻孔灌注桩。深化思考时发现，这样设计系统过于复杂，可操作性差，成本比较高。通过进一步优化，将环状注浆管和束浆袋串联起来，螺纹状缠绕在钻孔灌注桩周围，这样就发明了注浆成型螺纹钻孔灌注桩，其系统更加简单，可操作性好，成本比较低，如图 2-1 所示。

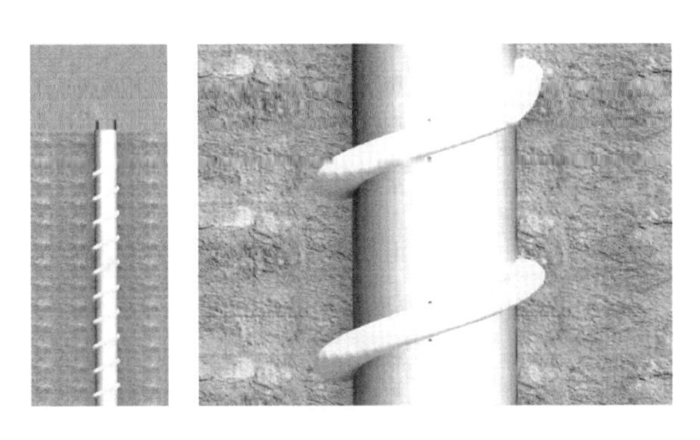

图 2-1　注浆成型螺纹钻孔灌注桩效果图

2）工艺试验

为了检验注浆成型螺纹桩注浆系统的稳定性和注浆后螺纹成型效果，进行了注浆成型螺纹桩的工艺试验。利用上海东福金属结构厂钢套箱作为试验平台，钢套箱尺寸及实体照片如图 2-2 所示。

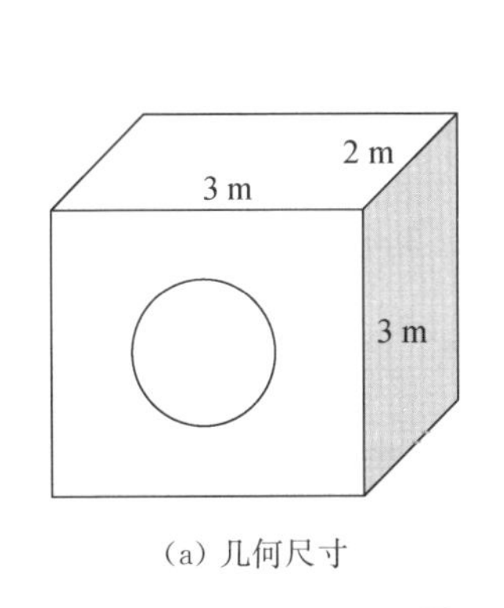

(a) 几何尺寸

(b) 实体照片

图 2-2　试验所用钢套箱

试验采用大口径钢管模拟钢筋笼，钢管直径为 450 mm。首先将钢管放置于钢套箱中，并在钢管外侧螺旋状缠绕束浆袋，束浆袋直径 90 mm，在束浆袋内放置注浆金属花管(主要目的是在束浆袋内形成一条刚性通道，确保浆液流通顺畅)，花管直径 25 mm，如图 2-3 和图 2-4 所示。然后将中粗砂填入钢箱中(图 2-5)，再将水泥净浆注入束浆袋内。注浆采用 SYB50/50-I 型液压注浆泵(图 2-6)，注浆压力控制在 0.2～0.4 MPa 之间，如图 2-6 和图 2-7 所示。注浆材料选择由 P.O42.5 普通硅酸盐水泥调配制成的净浆，水灰比为 0.5，如图 2-8 所示。

图 2-3　钢管模拟桩

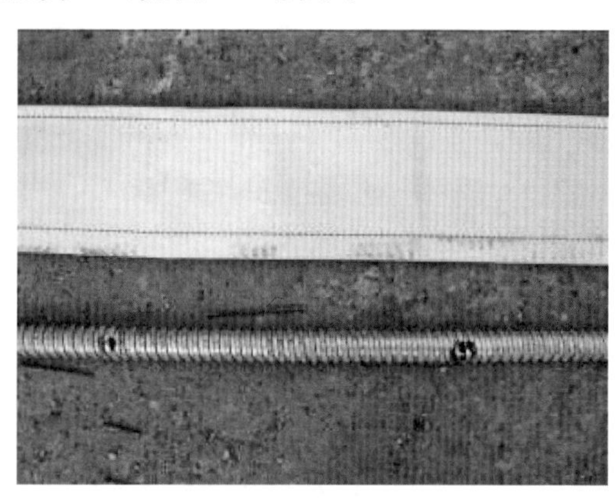

图 2-4　束浆袋与金属花管

图 2-5　砂土回填

图 2-6　注浆泵

图 2-7　接注浆管

图 2-8　注浆材料

注浆完成后，待水泥浆养护 7 d 后，将钢套箱中的砂土挖出，发现注浆成型效果良好，如图 2-9 所示。从图中可以看出，束浆袋外侧无漏浆，束浆袋螺旋体形状饱满，紧紧缠绕在钢管四周。

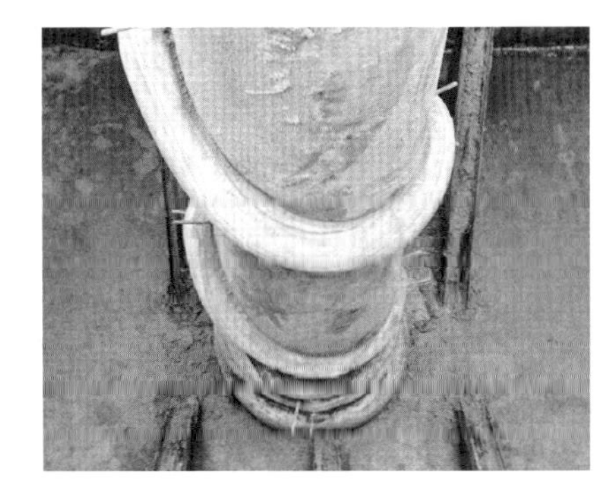

图 2-9　注浆成型螺纹钻孔灌注桩

工艺试验表明，采用注浆成型工艺在桩周形成螺纹，技术上是可行的，值得进行工程试验，进一步研究注浆成型螺纹钻孔灌注桩的施工可操作性和承载性能。

3) 工程试验

为了深入了解注浆成型螺纹钻孔灌注桩施工的可操作性及其承载性能，在上海建工房产有限公司和上海万科房地产有限公司的支持下，先后于 2010 年 11 月和 2011 年 8 月，分别在吴中路 51 号地块项目和铜山街旧改南块项目中进行了注浆成型螺纹钻孔灌注桩的工程试验。

(1) 汇豪商务广场(吴中路 51 号地块)

① 工程概况

上海建工房产有限公司开发的汇豪商务广场北邻吴中路，东邻古井路，西面和南面与其他用地相接，总用地面积约 24 098 m^2，总建筑面积 87 893 m^2，由北区2 栋建筑高度为 60 m 的高层办公楼和商业裙房，以及南区 5 栋建筑高度为 15.6 m 或 13.2 m 的多、低层办公楼组成。北区高层办公楼地上 14 层，裙房地上 2 层、地下 2 层。南区多、低层办公楼分别为地上 2 层和 3 层。本工程北区采用钻孔灌注桩作为桩基础，其中抗压工程桩 357 根，抗拔工程桩 579 根。抗压工程桩桩径为 700 mm，桩长为 47 m，持力层为⑦层粉砂。抗拔工程桩桩径为 600 mm，桩长为 35 m，持力层为$⑤_{3-1}$层粉质黏土。

② 试桩方案

本工程选择普通工程试桩 10 根，其中，抗压工程桩 4 根，抗拔工程桩 6 根。注浆成型螺纹钻孔灌注桩工程试验共选择了 7 根，其中，抗压桩 1 根，抗拔桩 6 根。螺纹桩的桩身规格与普通工程桩完全相同，只是螺纹桩的桩身外周缠绕有注浆成型的螺纹。普通工程桩和螺纹桩的承载试验加载值不同，后者较前者高约 45%，详见表 2-1。

注浆成型螺纹钻孔灌注桩和普通钻孔灌注桩试桩位置如图 2-10 所示。注浆成型螺纹钻孔灌注桩和普通钻孔灌注桩试桩位置尽量靠近。一方面是充分利用工程桩试验锚桩，节约工程试验成本；另一方面是确保两种试桩所处岩土条件基本相同，有利于注浆成型螺纹钻孔灌注桩和普通钻孔灌注桩试验结果对比分析。

表 2-1　汇豪商务广场试桩方案

试桩类型	桩径/mm	试桩数量	桩长/m	螺纹段长度/m	束浆袋直径/mm	加载值/kN
普通抗压桩	700	4	47	—	—	5 100
普通抗拔桩	600	6	35	—	—	2 200
螺纹抗压桩	700	1	47	22	150	7 300
螺纹抗拔桩	600	6	35	18	150	3 200

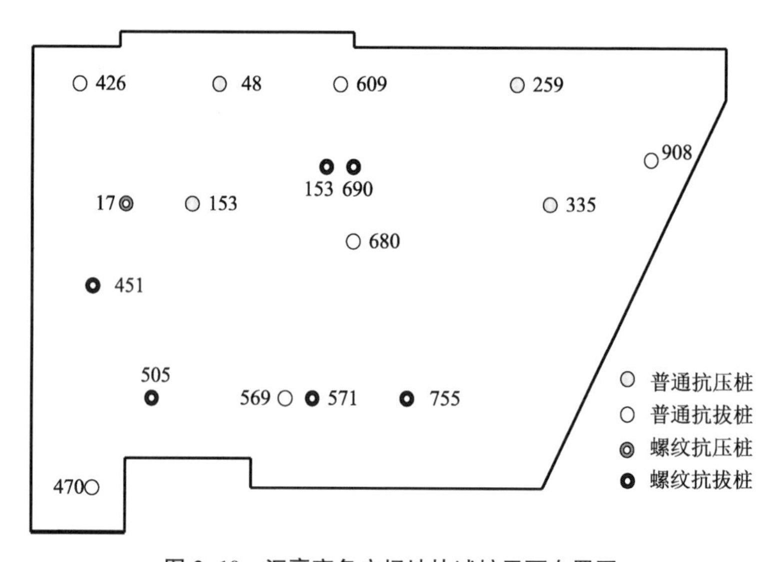

图 2-10　汇豪商务广场地块试桩平面布置图

根据上海土层分布情况和螺纹桩的受力特点，将螺纹布置在桩身下部约 1/3 范围内，以尽可能提高承载效率，如图 2-11 所示。抗压螺纹桩螺纹布置在桩底以上 22 m 范围内，处于第⑦层粉砂中。抗拔螺纹桩螺纹布置在桩底以上 17.7 m 范围内，处于第$⑤_{1-2}$和$⑤_{3-1}$层粉质黏土中。螺纹抗压桩和螺纹抗拔桩的螺纹规格一致，直径为 200 mm，螺距为 1 200 mm，如图 2-12 所示。

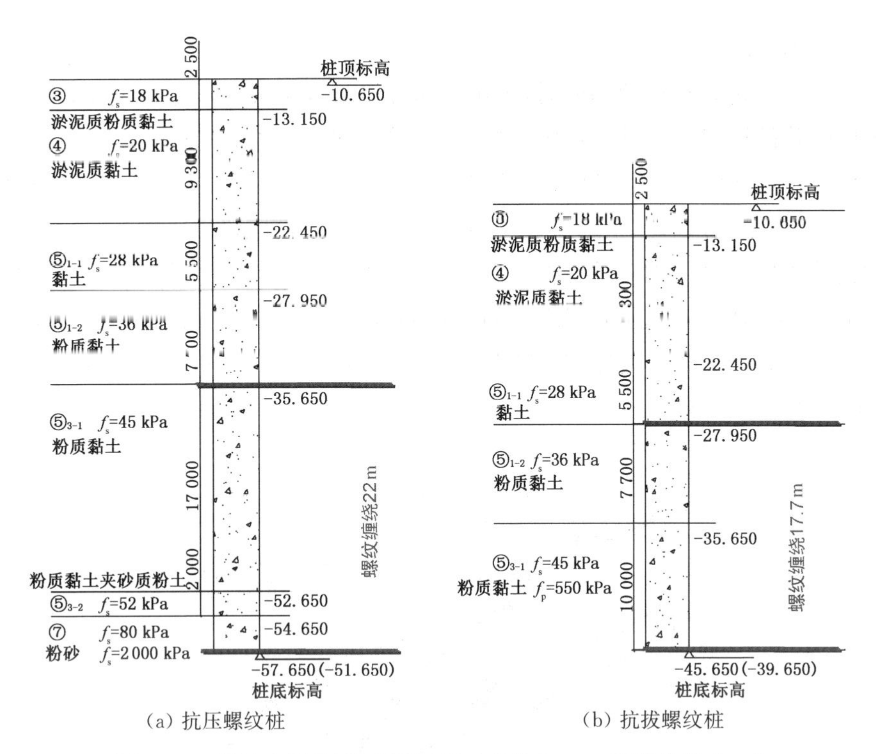

图 2-11 螺纹布置范围示意图(尺寸单位为 mm,标高单位为 m)

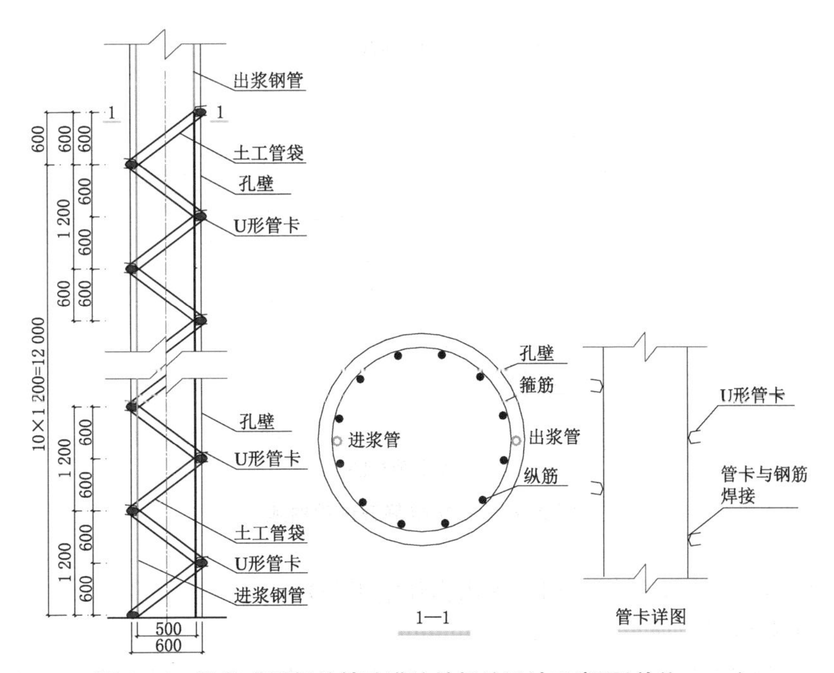

图 2-12 注浆成型螺纹钻孔灌注桩螺纹设计示意图(单位: mm)

③ 试验结果

试桩施工完成并养护到期后，采用慢速维持荷载法进行承载力试验，工程桩和螺纹桩试验都没有达到桩基承载力极限，试验结果如图 2-13 和图 2-14 所示。试验结果表明，注浆成型螺纹钻孔灌注桩的承载性能明显优于传统钻孔灌注桩的承载性能。作为抗压桩，注浆成型螺纹钻孔灌注桩的最大加载值达到 7 300 kN，较传统钻孔灌注桩的最大加载值 5 100 kN 提高了约 43%，但两者的沉降量基本相近，约为 12 mm。作为抗拔桩，注浆成型螺纹钻孔灌注桩的最大加载值达到 3 200 kN，较传统钻孔灌注桩的最大加载值 2 200 kN 提高了约 45%，但两者的上拔量基本相近，在 6～8 mm 之间。

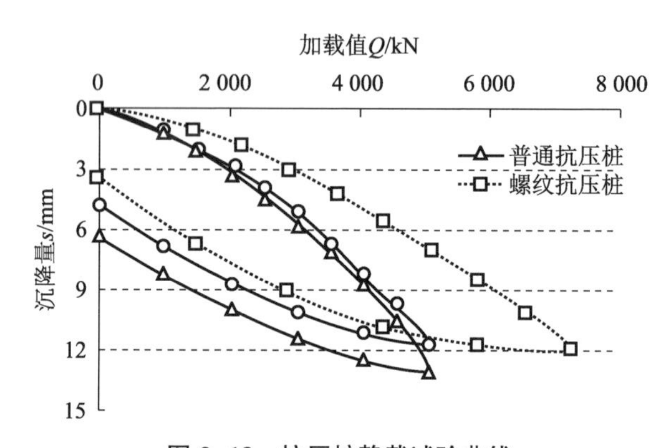

图 2-13 抗压桩静载试验曲线

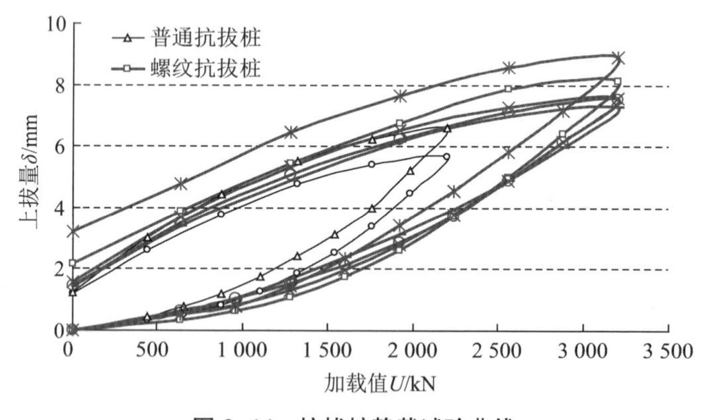

图 2-14 抗拔桩静载试验曲线

(2) 上海万科翡翠滨江项目(铜山街住宅工程)

① 工程概况

上海万科房地产有限公司开发的翡翠滨江项目位于上海浦东新区昌邑路以

南、浦东大道以北、民生路以西，占地面积 91 000 m^2，总建筑面积 216 000 m^2，主要由 4 栋 28 层、2 栋 27 层、1 栋 26 层及 1 栋 25 层住宅，1 栋 34 层酒店及 2～3 层商业，1 层公共服务设施配套和地下车库等组成。

② 试桩方案

本工程只选择抗拔桩进行对比试验（表 2-2）。选择 ZH-3 号抗拔桩缠绕土工管袋，全长布置。该抗拔桩桩径 600 mm，有效桩长 24 m，试桩长度约 34.9 m，桩端入持力层⑦$_1$层 3 m。工程抗拔桩的理论极限承载力为 2 500 kN。为了使试验的对比结果更有说服力，对普通工程抗拔桩和螺纹抗拔桩都进行了破坏试验。不论是工程抗拔桩，还是螺纹抗拔桩，加载值在原有基础上都进行了较大幅度的提高。普通工程抗拔桩加载值提高到 3 500 kN，试验数量为 2 根；螺纹抗拔桩加载值提高到 4 700 kN，试验数量为 3 根。

表 2-2　翡翠滨江项目桩基方案

编号	桩名	桩数/根	桩径/mm	桩长/m	混凝土强度等级	单桩抗拔承载力特征值/kN	单桩抗压承载力特征值/kN	桩端全断面入持力层深度
ZH-1	抗压桩	559	800	28	C30		4 900	入⑦$_2$层 3 m
ZH-2	抗压桩	435	800	28	C30		3 000	入⑦$_2$层 3 m
ZH-3	抗压桩、抗拔桩	2 604	600	24	C30	750	1 250	入⑦$_1$层 3 m
ZH-4	抗压桩、抗拔桩	573	600	28	C30	1 000	2 200	入⑦$_2$层 3 m

③ 试验结果

当试桩达到 28 d 养护龄期以后，开始进行静载试验。静载试验结果如图 2-15 所示。从静载试验结果来看，2 根工程试桩做到 3 500 kN 全部破坏。3 根螺纹抗拔桩分别做到 3 800 kN，4 200 kN 和 4 700 kN，钢筋分别拉断 4 根、7 根和 5 根，桩体上拔量平均在 2 cm 左右，地基承载力远未破坏，说明螺纹抗拔桩的承载性能较普通抗拔桩优越。图 2-15 也说明了这一点，在荷载相同的情况下，螺纹抗拔桩的上拔量比普通抗拔桩小得多。

2. 注浆成型挤扩桩

注浆成型螺纹钻孔灌注桩工程试验发现，其施工作业比较繁琐，因此，尽管注浆成型螺纹钻孔灌注桩承载性能优异，但是推广应用难度比较大。深入分析发现，

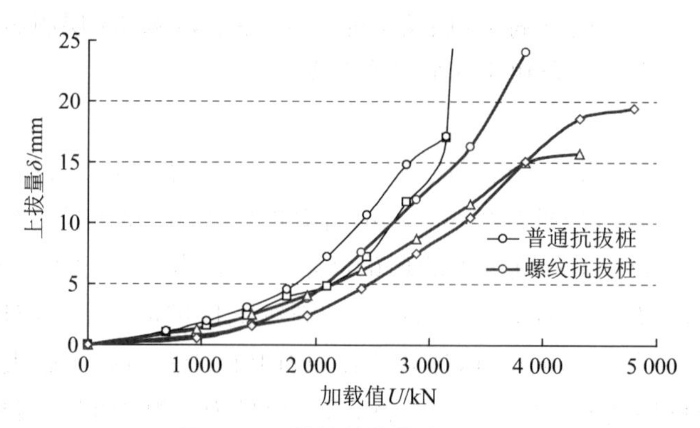

图 2-15　抗拔桩静载试验曲线

施工作业繁琐的关键在于，注浆成型装置过于复杂，注浆管及填充袋几乎沿钢筋笼全长布置，两者结合面大，增加了施工组织协调工作量和产品保护难度。如果注浆成型装置能够更加集约并集中布置，就可以缩小其与钢筋笼的结合面，也就可以大大减少施工组织协调工作量和降低产品保护难度。

基于以上分析，激发了注浆挤扩钻孔灌注桩的创意：将注浆成型装置优化为圆柱形，安装在钢筋笼底部，钻孔灌注桩混凝土灌注完成以后，注浆就能够在桩身底段形成扩大头，形成注浆挤扩钻孔灌注桩，并由此发展了一系列注浆挤扩桩(图 2-16)。

图 2-16　注浆挤扩钻孔灌注桩效果图

2.1.2　工艺原理

挤扩桩注浆成型工艺是基于土体压缩性和可塑性比较高的物理力学特性，将水泥浆注入预先布置在桩身底部的束浆袋中，束浆袋在高压水泥浆作用下不断挤扩桩周土体，水泥浆硬化后即在桩身底部周围形成水泥石扩大体。如图 2-17、图 2-18 所示。挤扩桩注浆成型施工总体工艺流程如下：

(1) 在地面将束浆袋安装在桩身底部；

(2) 通过钻孔或搅拌桩将安装有束浆袋的桩身植入土体中；

(3) 将水泥浆注入桩底束浆袋中，在高压水泥浆作用下，束浆袋扩张并挤密周围土体；

(4) 束浆袋中水泥浆养护，最终在桩底形成水泥石扩大体。

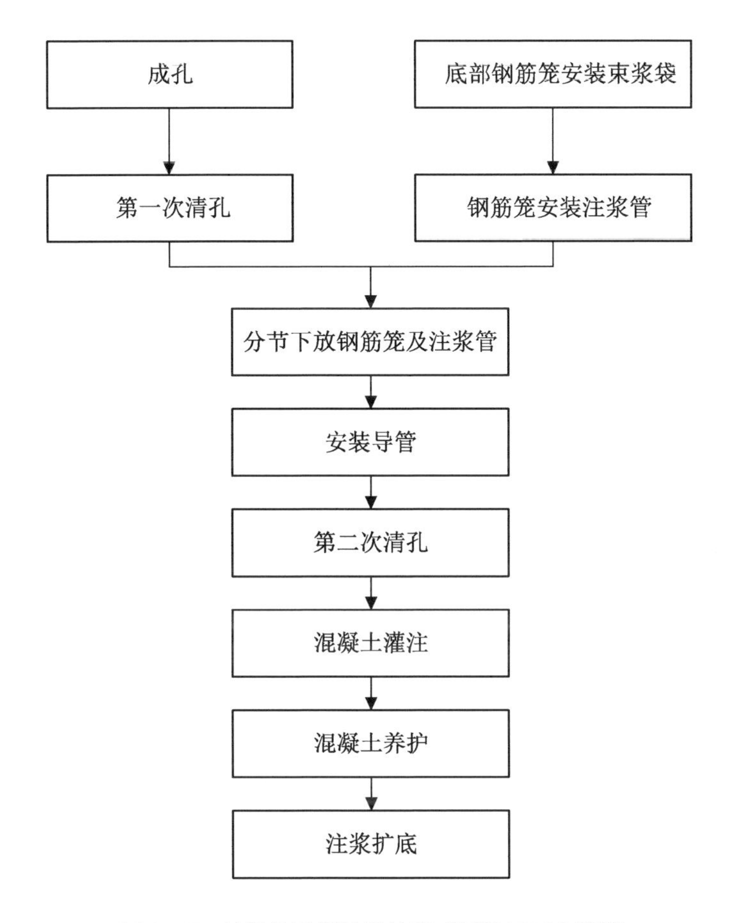

图 2-17　挤扩钻孔灌注桩注浆成型施工工艺流程

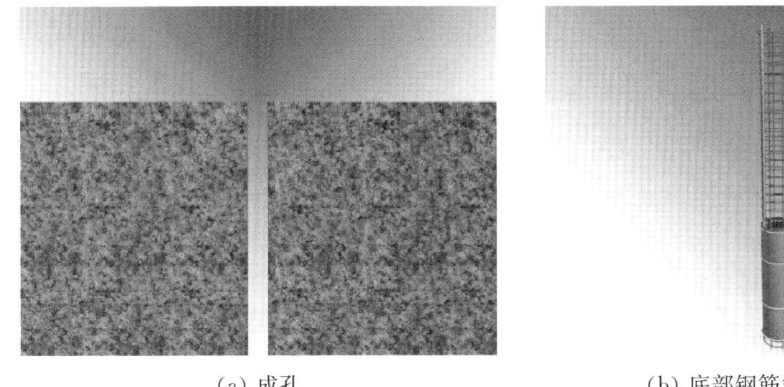

(a) 成孔

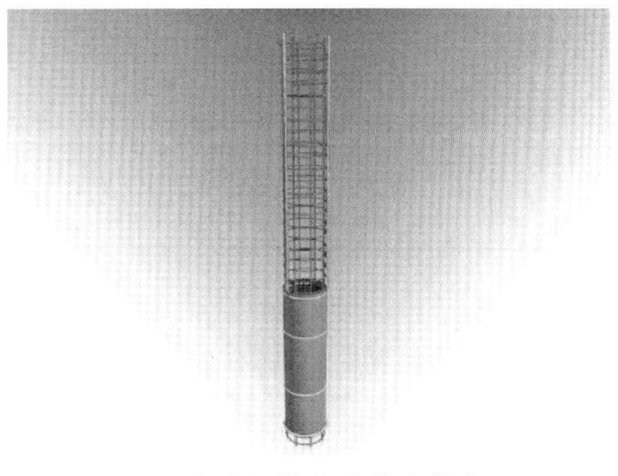

(b) 底部钢筋笼套装束浆袋

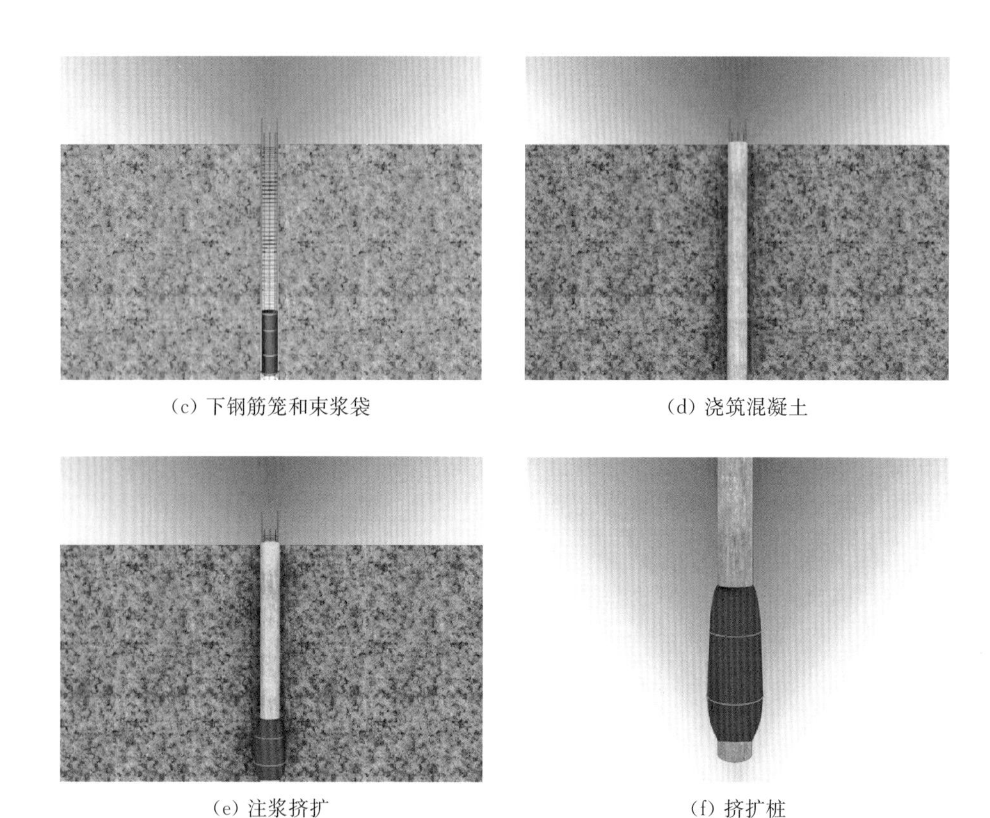

(c) 下钢筋笼和束浆袋　　(d) 浇筑混凝土

(e) 注浆挤扩　　(f) 挤扩桩

图 2-18　挤扩钻孔灌注桩注浆成型施工工艺原理

2.1.3　工艺试验

为了检验注浆挤扩钻孔灌注桩注浆成型效果，进行了注浆挤扩钻孔灌注桩的工艺试验。试验采用大口径钢管模拟钢筋笼，钢管直径 450 mm，长 3 m，在钢管外侧中间部位 2 m 范围内缠绕注浆花管，然后将钢管吊入钢套箱中，与钢套箱底部焊接在一起(图 2-19)。在钢管外侧套上圆柱形束浆袋，上下用抱箍扎紧。束浆袋直径为 800 mm，长 3.5 m，上、下各留 500 mm 长的反卷二次箍紧，如图 2-19 和图 2-20 所示。钢套箱回填黄砂以后，将水灰比为 0.55 的水泥浆注入束浆袋中，如图 2-21 所示。

经过一周养护，将钢套箱中的黄砂清除，可以看到注浆挤扩效果非常明显，如图 2-22 所示，钢管外围形成了平均约 15 cm 厚的水泥浆硬化体。

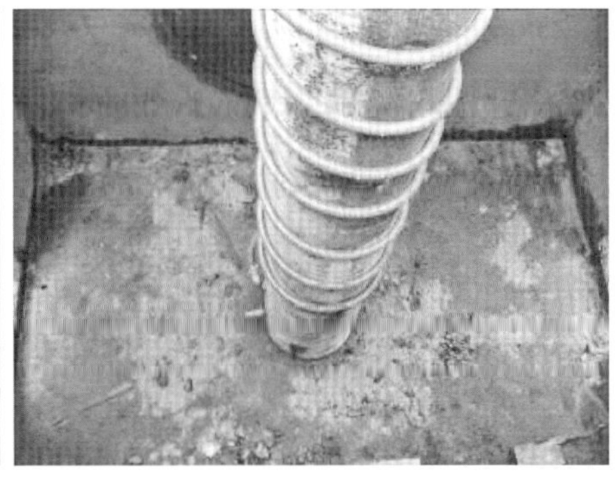

图 2-19 缠绕注浆花管的钢管

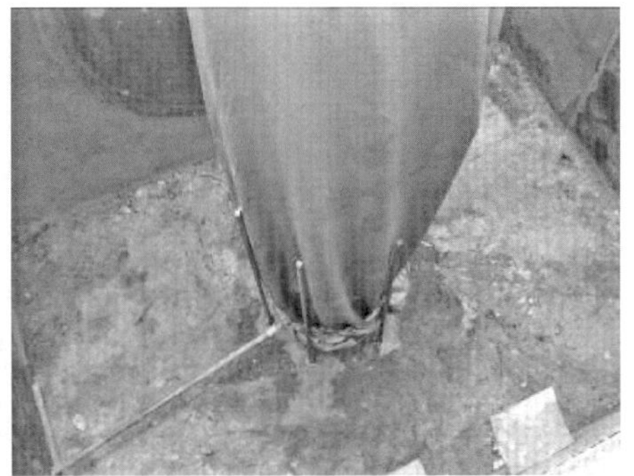

图 2-20 束浆袋

图 2-21 注浆挤扩

图 2-22　注浆挤扩效果

试验结果表明，注浆挤扩效果良好，一方面，挤扩幅度比较大，另一方面，挤扩各向比较均衡，因此，注浆挤扩工艺在技术上是可行的。

2.1.4　工艺特点

(1) 施工工艺简单。注浆成型挤扩桩尽管采用了一种全新的变截面桩施工工艺，但是施工工艺非常简单，束浆袋加工制作与安装、注浆系统与设备、注浆材料与注浆施工都非常成熟，没有复杂的施工环节。

(2) 施工设备简易。传统挤扩钻孔灌注桩施工需要专用机械——挤扩桩桩机，设备投入比较大。而注浆成型挤扩钻孔灌注桩采用传统钻孔灌注桩施工机械施工钻孔灌注桩，常规注浆设备注浆挤扩即可，设备投入少。

(3) 土层适应性强。传统挤扩钻孔灌注桩因为采用机械形成挤扩凹槽，一般仅适应自立性比较好、强度比较高的土层，否则难以成型。而注浆挤扩钻孔灌注桩是采用注浆挤扩形成桩底扩大体，对土层的自立性和强度要求不高，因此，土层适应性强。

(4) 施工质量可靠。注浆成型挤扩桩施工工艺简单，只要控制注浆系统加工、安装质量和注浆施工质量，施工质量也就完全可以得到保证。

(5) 施工成本低廉。施工设备简易，投入少，施工材料为涤纶或维纶防水帆布、注浆管和水泥等常规建筑材料，消耗量少，成本低廉。

(6) 施工工期可控。注浆成型挤扩装置的制作和现场安装以及注浆挤扩不占注浆挤扩桩的绝对施工工期，因此，施工工期可控，与传统的钻孔灌注桩施工工期相同，要小于同桩径的传统挤扩桩施工工期。由于注浆成型挤扩桩承载效率提高，导致桩基数量减少或桩长缩短，桩基工程量减少，因此可以缩短施工工期。

2.2 挤扩桩注浆成型力学机理

2.2.1 力学机理

挤扩桩注浆成型的过程是土体在注浆压力作用下圆柱孔扩张的过程，可以采用弹塑性力学的圆柱孔扩张理论来予以解释。

圆柱孔扩张理论源于弹塑性理论无限均质各向同性弹塑性体中圆柱孔或球形孔受均布压力作用问题。圆柱（球形）孔在均布内压 P 作用下的扩张情况如图 2-23 所示。当内压 P 增加时，孔周区域土体将由弹性状态进入塑性状态。塑性区随 P 值的增加而不断扩大。设孔初始半径为 R_f，扩张后半径为 R_u，塑性区最大半径为 R_p，在半径 R_p 以外的土体仍保持弹性状态，相应的孔内压力最终值为 P_u。

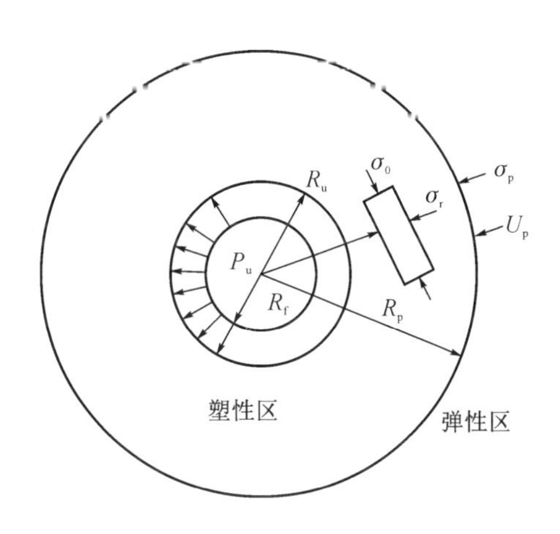

图 2-23 圆柱孔的扩张

圆柱孔扩张理论最初用于金属压力加工分析，随后引入土力学中，用圆柱孔扩张解释旁压试验和沉桩机理，用球形孔扩张来估算深基础承载力和沉桩对周围土体的影响。

与其他工程力学问题中的圆柱孔扩张机理相同，挤扩桩的注浆成型力学机理如下：

(1) 在注浆压力作用下，束浆袋周围的土体先发生弹性变形，束浆袋扩张；

(2) 当注浆压力达到某一临界值时，束浆袋周围的土体由弹性变形状态转入塑性变形状态；

(3) 随着注浆压力的进一步增大，塑性区逐步扩大，同时束浆袋也相应扩张；

(4) 注浆停止以后，注浆压力不再增大，束浆袋不再扩张；

(5) 束浆袋中浆液固化以后就在桩周形成突出物——扩大头，原来的等截面桩也就演变为变截面桩——挤扩桩。

2.2.2 影响因素

挤扩桩注浆成型的过程是注浆体与土体相互作用的过程，因此，影响挤扩桩注浆成型效果的因素主要有两个：一个是土层力学性质，另一个是注浆施工工艺参数。

1. 土层力学性质

土层的强度特性和变形特性对挤扩桩的注浆成型都有影响，强度越低、压缩性越高的土层，挤扩桩注浆成型越容易，反之，则越困难。在土层力学性质中，强度特性对挤扩桩注浆成型的影响更大，因为注浆成型过程主要是土体塑性变形过程。注浆成型过程也是土体的固结过程，土体透水性越好、压缩性越高，注浆成型就越容易。

目前高压注浆泵的最大注浆压力可以达到 10 MPa，远高于土层强度，因此，在土层中进行注浆挤扩难度不大。后面的分析表明，土层强度越高，注浆挤扩提高承载力的效果越好，因此应当将注浆挤扩段置于强度高的土层中。

2. 注浆施工工艺参数

注浆压力、注浆量及注浆速度等施工工艺参数对挤扩桩注浆成型效果有显著影响。只有注浆压力达到某一临界值时，土体才能发生显著变形，束浆袋才能扩张。同时只有注浆量达到一定值时，束浆袋的扩张才能达到较大规模，桩截面的变化效果才更显著。土体变形和压缩都是随时间而进行的缓慢过程，因此注浆速度不能过快，否则注浆压力将快速增大，可能导致束浆袋破坏，浆液外流，影响注浆成型效果。

2.3 挤扩桩注浆成型工艺参数

2.3.1 注浆压力

注浆压力可以通过两种方法确定：一种是基于圆柱孔扩张理论的解析法，另一种是旁压试验法。

1. 解析法

基于理想弹塑性假定的 Vesic 圆孔扩张理论常用于分析沉桩挤土效应和圆形隧道、井筒的应力。挤扩桩注浆成型过程可以简化为无限土体中的圆柱孔在注浆压力作用下的扩张过程，因此，可以借鉴基于理想弹塑性假定的 Vesic 圆孔扩张理论来计算确定注浆压力。基本假定如下：

（1）土体是饱和、均质、各向同性的理想弹塑性材料；

（2）圆柱孔在无限大的土体中扩张；

（3）土体屈服服从莫尔-库仑（Mohr-Coulomb）准则；

（4）圆柱孔扩张前，土体具有各向等同的有效应力。

圆孔扩张理论研究在均匀的内压力 P 的作用下圆孔扩张的规律。当内压力 P 增加时，围绕着圆孔的圆形区域将由弹性状态进入塑性状态，塑性区随着内压力 P 的增加而不断扩大。半无限土体中圆孔扩张如图 2-24 所示。

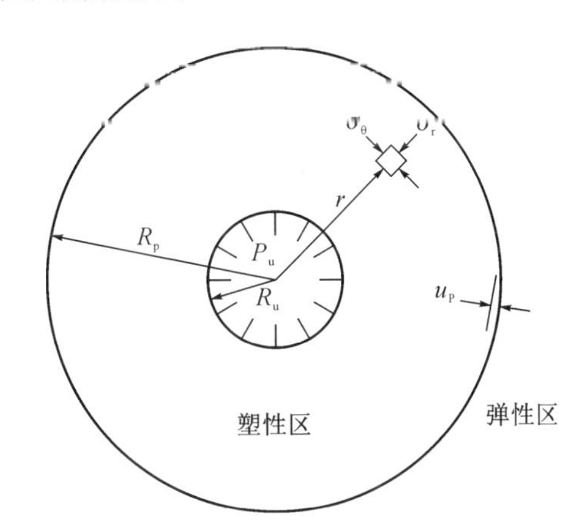

R_u —圆孔的扩张半径；
R_p —塑性区外半径；
P_u —扩张压力值；
r —计算点距圆孔中心距离；
r_0 —圆孔的初始半径；
a —扩张过程中圆孔半径；
u_p —塑性区边界的径向位移；
σ_θ —切向应力；
σ_r —径向应力。

图 2-24 圆孔扩张问题简图

（1）基本方程

平衡方程：

$$\frac{\partial \sigma_r}{\partial r} - \frac{\sigma_r - \sigma_\theta}{r} = 0 \tag{2-1}$$

几何方程：

$$\varepsilon_r = -\frac{\partial u_r}{\partial r} \tag{2-2}$$

$$\varepsilon_\theta = -\frac{u_r}{r} \tag{2-3}$$

式中，ε_r 为径向应变；ε_θ 为切向应变；u_r 为径向位移。

弹性本构方程为广义胡克定律：

$$\varepsilon_r = \frac{1-\mu^2}{E}\left(\sigma_r - \frac{\mu}{1-\mu}\sigma_\theta\right) \tag{2-4}$$

$$\varepsilon_\theta = \frac{1-\mu^2}{E}\left(\sigma_\theta - \frac{\mu}{1-\mu}\sigma_r\right) \tag{2-5}$$

（2）弹性解

当不考虑初始应力场情况时，由边界条件可知：$r=a$，$\sigma_r=P$；$r=\infty$，$\sigma_r=0$，可得弹性区应力场：

$$\sigma_r = P\left(\frac{a}{r}\right)^2 \tag{2-6}$$

$$\sigma_\theta = -P\left(\frac{a}{r}\right)^2 = -\sigma_r \tag{2-7}$$

当考虑初始应力场 P_0 情况时，由边界条件可知：$r=a$，$\sigma_r=P$；$r=\infty$，$\sigma_r=P_0$，可得弹性区应力场：

$$\sigma_r = (P-P_0)\left(\frac{a}{r}\right)^2 + P_0 \tag{2-8}$$

$$\sigma_\theta = -(P-P_0)\left(\frac{a}{r}\right)^2 + P_0 \tag{2-9}$$

(3) 弹塑性解(莫尔-库仑材料)

对于莫尔-库仑材料，材料屈服准则表达式为

$$\sigma_r - \sigma_\theta = (\sigma_r - \sigma_\theta)\sin\varphi + 2c\cos\varphi \tag{2-10}$$

式中，φ 和 c 分别为土体的内摩擦角和内聚力。

当不考虑初始应力场 P_0 情况时，在孔压力达到临界压力 P_c 时，$r=a$ 处孔壁开始发生屈服。将式(2-6)、式(2-7)代入式(2-10)，得到孔壁开始屈服的临界扩张压力为

$$P_c = c\cos\varphi \tag{2-11}$$

当圆孔内压力超过临界扩张压力时，塑性区不断向外扩张。

当考虑初始应力场 P_0 情况时，在孔压力达到临界压力 P_c 时，$r=a$ 处孔壁开始发生屈服。将式(2-8)、式(2-9)代入式(2-10)，得到孔壁开始屈服的临界扩张压力为

$$P_c = P_0(1+\sin\varphi) + c\cos\varphi \tag{2-12}$$

式中，P_0 为静止土压力，其计算公式为

$$P_0 = K_0 P'_V + U \tag{2-13}$$

式中，K_0 为静止土压力系数，与土性、土的密实程度或固结程度等因素有关，在一般情况下，砂土 $K_0=0.35\sim0.5$，黏性土 $K_0=0.5\sim0.7$，可以参照工程经验确定，如表 2-3 所示。

表 2-3 静止土压力系数 K_0 经验值

土类	坚硬土	硬塑～可塑性黏性土、粉质黏土、砂土	可塑～软塑黏性土	软塑性黏土	流塑性黏性土
K_0	0.2～0.4	0.4～0.5	0.5～0.6	0.6～0.75	0.75～0.8

P'_V 为土的竖向有效压力，kPa。计算公式如下：

$$\begin{cases} P'_V = q + \gamma z, & z \leqslant h_w \\ P'_V = q + \gamma h_W + \gamma'(z - h_W), & z > h_w \end{cases} \tag{2-14}$$

U 为地下水压力，kPa。计算公式如下：

$$\begin{cases} U = 0, & z \leqslant h_w \\ U = \gamma_W (z - h_W), & z > h_w \end{cases} \tag{2-15}$$

式中，q 为地面堆载，kN/m^2；h_w 为地下水埋深，m；γ 为土的天然重度，kN/m^3；γ' 为土的浮重度，kN/m^3；γ_w 为水的重度，kN/m^3。

上述公式中使用的土层抗剪强度指标应当为有效应力法抗剪强度指标。但是岩土工程勘察报告很少提供土层的有效应力法抗剪强度指标，因此，计算时只能选用总应力法抗剪强度指标代替有效应力法抗剪强度指标，这对计算结果的准确性有一定影响，但是还是能够反映注浆挤扩临界压力变化的基本规律。

临界扩张压力 P_c 就是注浆挤扩桩注浆挤扩所需的最小注浆压力，只有注浆压力大于临界扩张压力 P_c，束浆袋才能克服水、土的压力扩张，并在桩周形成挤扩段。

(4) 算例

上海某工程地基土为第四系滨海平原相沉积层，主要由饱和的黏性土、粉性土、砂土组成，桩基工程有关的土层岩土力学参数见表 2-4。场地地下水埋深为 0.5 m。

表 2-4 土层岩土力学参数

层序	**土层名称**	**层底埋深 /m**	**容重 /(kN·m^{-3})**	**土层强度标准值**		**静止侧压力系数 K_0**
				内摩擦角 φ	**内聚力 c/kPa**	
①	填土	0.9	18.0	17	11	0.40
②	粉质黏土	3.08	18.4	20.8	17	0.40

（续表）

层序	土层名称	层底埋深 /m	容重 /(kN·m^{-3})	土层强度标准值		静止侧压力系数 K_0
				内摩擦角 φ	内聚力 c/kPa	
③	淤泥质粉质黏土	7.28	17.7	22.0	11.5	0.39
④	淤泥质黏土	17.00	16.7	13.5	14.0	0.55
⑤	粉质黏土	25.59	18.4	20.0	13	0.48
⑥	粉质黏土	28.8	19.8	21.0	51	0.32
⑦$_1$	砂质黏土	35.74	18.7	32.7	4.29	0.30
⑦$_2$	粉细砂	40.0	19.2	33.57	0	0.30
⑧$_1$	黏土	50.0	19.1	22.8	21.45	0.35
⑧$_2$	粉质黏土	60.0	19.2	22.8	18.6	0.32
⑨$_1$	粉细砂	70.0	19.3	35.15	0	0.30
⑨$_2$	细砂	86.0	19.7	38.1	0	0.30

取地面堆载为0，运用式(2-12)可以计算得到主要土层发生屈服扩张的临界注浆压力，详见表2-5。从表中可以看出，上海各主要土层挤扩桩注浆成型的临界注浆压力一般在1.0 MPa以下，只有超长桩的挤扩注浆成型的临界注浆压力达到1.5 MPa左右，远低于现有注浆设备的额定工作压力。因此，挤扩桩的注浆成型工艺在技术上是可行的。此外，从表中还可以看出，临界注浆压力与土层岩土力学性质和挤扩段埋深密切相关：土层强度越大，临界注浆压力越大；挤扩段埋深越大，临界注浆压力越大。

表2-5　主要土层临界注浆压力一览表

序号	计算埋深/m	所处层序	土层名称	地下水压力 U/kPa	竖向有效压力 P_V'/kPa	水平侧压力 P_0/kPa	临界注浆压力 P_c/kPa
1	20.0	⑤	粉质黏土	195	148	266	369
2	25.0	⑤	粉质黏土	245	190	336	463
3	30.0	⑦$_1$	砂质黏土	295	238	366	567
4	35.0	⑦$_1$	砂质黏土	345	282	430	666
5	40.0	⑦$_2$	粉细砂	395	328	493	766

（续表）

序号	计算埋深/m	所处层序	土层名称	地下水压力 U/kPa	竖向有效压力 P_V'/kPa	水平侧压力 P_0/kPa	临界注浆压力 P_c/kPa
6	45.0	⑧$_1$	黏土	445	373	576	819
7	50.0	⑧$_1$	黏土	495	419	642	911
8	55.0	⑧$_2$	粉质黏土	545	465	694	980
9	60.0	⑧$_2$	粉质黏土	595	511	759	1 070
10	65.0	⑨$_1$	粉细砂	645	557	812	1 280
11	70.0	⑨$_1$	粉细砂	695	604	876	1 380
12	75.0	⑨$_2$	细砂	745	652	941	1 522
13	80.0	⑨$_2$	细砂	795	701	1 005	1 625

2. 旁压试验法

旁压试验法（Pressuremeter Test，PMT）是工程地质勘察中的一种原位测试方法，也称横压试验法。1930 年，德国工程师 Kőgler 发明了早期的旁压仪，并在工程试验中取得了成功。1957 年，法国道桥工程师 Ménard 研制成功三腔旁压仪，因其确定特征值概念明确、应用效果良好，在工程地质评价、地基承载力确定以及桩基设计等方面得到了广泛的应用。

（1）旁压仪结构及其工作原理

旁压仪主要由控制箱、塑胶管路和三腔探头三部分组成。旁压仪结构及工作示意如图 2-25 所示。旁压试验原理是，将圆柱形旁压器竖直放在土中，利用旁压

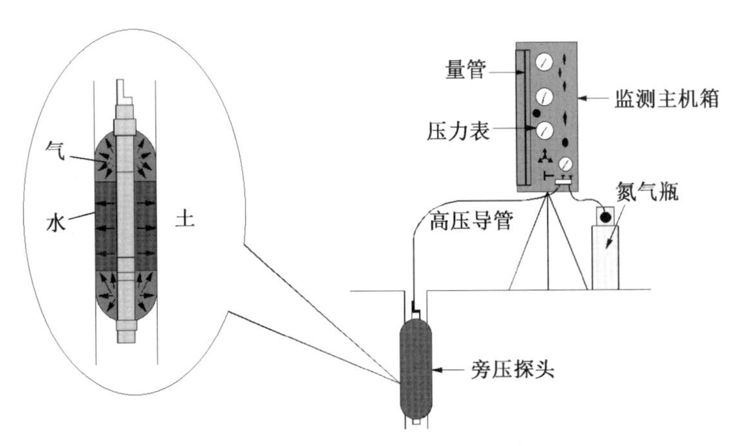

图 2-25　旁压仪结构及工作示意图

器的扩张，对周围土体施加均匀压力，测量压力和径向变形之间的关系，得到地基土在水平方向上的应力-应变关系，进而获得临塑压力、极限压力和旁压模量等岩土力学性质指标。

（2）旁压试验参数

旁压试验过程中旁压探头逐级加压，孔壁土体一般经历恢复变形、似弹性变形和塑性变形三个变形阶段，如图 2-26 所示。根据曲线特征和旁压试验机理可以确定孔壁岩土体的力学参数。旁压曲线有三组特征参数。

（1）钻孔完成后，钻孔周围岩土体因应力释放而膨胀，钻孔孔径收缩，图中 A 点代表孔壁岩土体在旁压探头膨胀压力作用下回归其原始位置所对应的压力 P_0 和体积 V_0（一般称为初始压力和初始体积）。

（2）在似弹性阶段（AB），土体表现类似弹性材料，图中 B 点代表似弹性阶段的终点或塑性发展阶段的起点，对应的压力为临塑压力 P_f 和临塑体积 V_f。

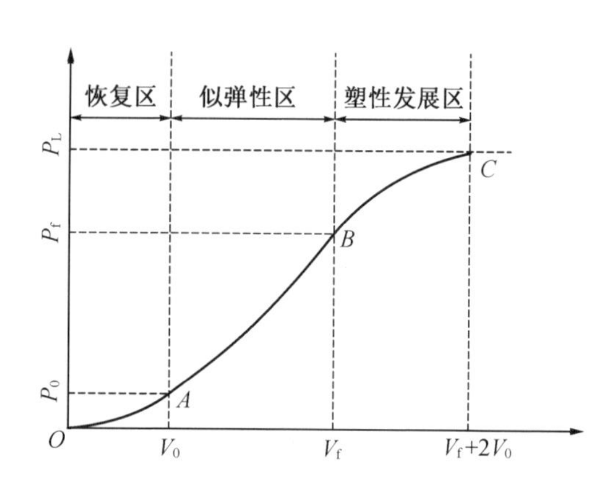

图 2-26　预钻式旁压试验的典型旁压曲线

（3）最后一个阶段是塑性发展阶段，随着体积的增加，压力逐渐趋近水平线 $P=P_L$，即使压力不再增加，体积变化仍然会继续发展，表明土体已经完全达到破坏状态，其对应的压力称为极限压力 P_L，对应的体积称为极限体积 V_L。

旁压试验成果常用于确定土的临塑压力和极限压力，以评定地基土的承载力；确定土的原位水平应力或静止侧压力系数；估算土的旁压模量、旁压剪切模量和侧向基床反力系数；估算软黏性土不排水抗剪强度；估算地基土强度、单桩承载力和基础沉降量等。旁压试验成果也可用于确定注浆压力，其中，临塑压力 P_f 可作为注浆压力下限，极限压力 P_L 可作为注浆压力上限。上海地区旁压试验已在许多勘察工程中应用，旁压试验孔深一般在 50～60 m，最大深度达 135 m，取得了丰富的旁压试验成果。顾国荣、陈晖、杨石飞、董建国等人收集整理了上海地区 30 多项工程旁压试验资料，得到了上海地区旁压试验统计结果，如表2-6 所示。

表 2-6 上海地区旁压试验统计结果

层序	土 名	初始压力 P_0/kPa	临塑压力 P_f/kPa	极限压力 P_l/kPa	旁压模量 E_m/MPa
②1	褐黄色黏性土	30	150	320	4.2
②3	灰色粉性土	50	190	420	6.5
③	灰色淤泥质粉质黏土	60	145	280	2.8
④	灰色淤泥质黏土	130	220	380	4.3
⑤1	褐灰色粉质黏土夹黏土	220	360	620	7.0
⑤2	灰色粉性土～粉砂	270	455	830	12.5
⑤3	灰色粉质黏土	288	410	810	9.5
⑥	暗绿色粉质黏土	290	620	1 260	17.5
⑦1	草黄色砂质粉土	360	1 000	2 100	22.5
⑦2	青灰色粉细砂	520	1 700	3 600	45.3
⑦3	青灰色砂质粉土	670	1 500	3 000	38.5
⑧1	灰色黏性土	490	700	1 350	15.0
⑧2	灰色黏性土夹粉砂	570	880	1 580	21.0
⑨1	青灰色粉砂夹粉质黏土	740	1 520	3 200	39.0
⑨2	灰白色中细砂(含砾)	880	2 200	4 450	50.0

从表 2-6 可以看出,上海各主要土层旁压试验的临塑压力一般在 1.0 MPa 以下,只有⑨2层土的旁压试验的临塑压力超过 2.0 MPa,与解析法计算得到的结果基本相近。因此,既可以采用解析法,也可以采用旁压试验法来确定注浆成型挤扩桩的临界注浆压力。挤扩桩最大注浆压力为引起土体破坏的压力,即旁压试验的极限压力。上海各主要土层旁压试验的极限压力不超过5.0 MPa,远小于一般高压注浆泵的最大注浆压力 10.0 MPa,因此,挤扩桩注浆成型工艺在技术上是可行的。

2.3.2 注浆量

挤扩桩注浆成型成败的关键在于注浆挤扩的体量,注浆挤扩体量越大,桩基承载力提高的效果越显著。因此必须通过确保注浆量来保证注浆挤扩体量，进而达到提高桩基承载力的目的。注浆量的确定非常简便，一旦设计明确了桩基挤扩段的尺寸，就可以通过式(2-16)计算确定注浆量：

$$V=\frac{\pi(D^2-d^2)}{4}L_g \tag{2-16}$$

式中，V 为注浆量；L_g 为挤扩段设计长度；D 为挤扩段外径；d 为挤扩段内径。

2.3.3 注浆速度

挤扩桩注浆成型应当平稳进行，适当控制注浆速度。注浆速度过慢，注浆时间就长，施工效率势必不高；但是注浆速度过快，水泥浆进入束浆袋以后来不及扩散，就容易造成束浆袋因压力迅速增大而破坏。因此，在选择注浆设备时，应当选择排量在 50 L/min 以下的小型注浆泵，如济宁市鑫煤矿山设备有限公司生产的 SYB50/50-Ⅰ、Ⅱ型液压注浆泵，其技术性能指标见表 2-7，能够满足挤扩桩注浆成型施工需要。

表 2-7 SYB50/50-Ⅰ、Ⅱ型液压注浆泵主要技术指标

序号	参数	指标
1	柱塞直径/mm	75，95
2	冲程/(次·min^{-1})	0～50，0～50
3	流量/(L·min^{-1})	0～35，0～50
4	压力/(kg·cm^{-2})	0～50，0～32
5	外形尺寸(长×宽×高)/mm	1 340×370×900
6	质量/kg	270

3　挤扩桩注浆成型施工技术

3.1　注浆系统设计与制作

挤扩桩注浆系统由制浆机、储浆桶、注浆泵、注浆管和注浆器组成，如图 3-1 所示。注浆成型挤扩桩的注浆系统与桩基后注浆的注浆系统相同。下面以湖北宜昌三思工程机械有限公司生产的 TTP 系列注浆设备为例，简要介绍挤扩桩注浆系统的主要设备性能。

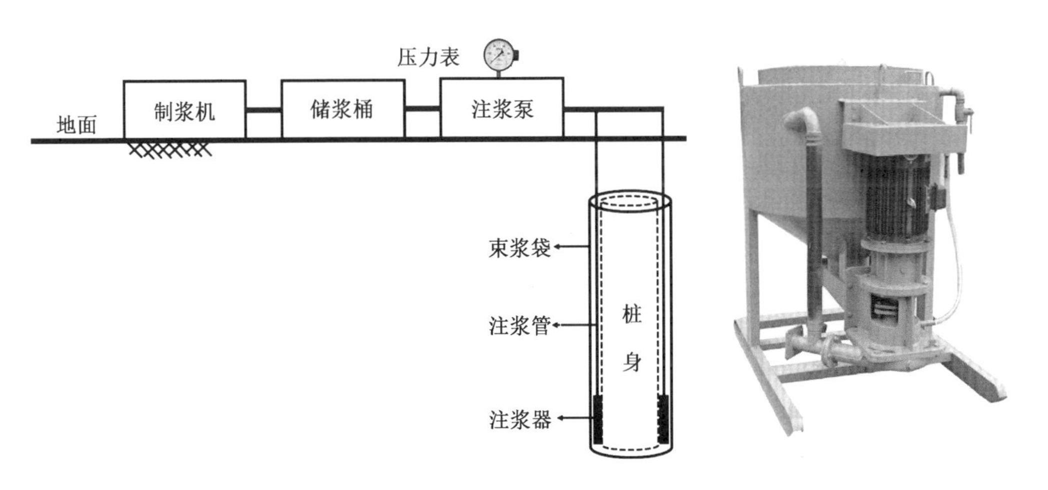

图 3-1　挤扩桩注浆系统　　　　图 3-2　TTP 系列制浆机

3.1.1　制浆机

制浆机是浆液制备的专用设备(图 3-2)，将水、水泥及其他添加剂快速制成水泥浆液。制浆机不仅要求制浆速度快，而且要求制备的浆液充分均匀，具有一定的水泥浆输送能力。TTP 系列制浆机主要性能如表 3-1 所示。

表 3-1　TTP 系列制浆机主要技术参数

参数	型号	
	TTP-400	TTP-800d
容积/L	400	800
许用水灰比	0.5∶1	0.5∶1
制浆时间/min	3	3
电动机功率/kW	7.5	15
质量/kg	400	630
外形尺寸(长×宽×高)/mm	1 300×1 100×1 600	1 650×1 200×1 800

3.1.2　储浆桶

储浆桶是制浆机的配套设备(图 3-3),用于储存水泥浆液,并且具备搅拌功能,防止水泥浆离析。1 000 L储浆桶主要技术参数如表 3-2 所示。

表 3-2　1 000 L 储浆桶主要技术参数

技术参数	数值
容积/L	1 000
搅拌转速/(r·min^{-1})	35
出口直径/mm	64
功率/kW	3
质量/kg	250
外形尺寸(长×宽×高)/mm	1 100×1 100×1 880

图 3-3　1 000 L 储浆桶

3.1.3　注浆泵

注浆泵(图 3-4)用于灌注水泥浆,是注浆系统的关键设备。为确保注浆顺利进行,且在较短时间内完成,注浆泵必须具备两大性能:一是具有较高的工作压力,额定工作压力一般应当大于 10 MPa,以便注浆挤扩桩周土体;二是具有较大的理论排量,额定理论排量一般应当大于 50 L/min,以便单根桩挤扩注浆能够在 1 h 内完成。TTB180/10 系列曲轴变量注浆泵的主要技术参数如表 3-3 所示。

表 3-3 TTB180/10 系列曲轴变量注浆泵主要技术参数

技术参数	数值			
柱塞直径/mm	63(55)			
转速/(r·min^{-1})	237	184	130	83
理论排量/(L·min^{-1})	180(150)	140(110)	100(80)	70(50)
压力/MPa	3(6)	6(9)	8(11)	10(14)
介质配比(水∶灰∶砂)	1∶2∶2			
电机功率/kW	18.5			
进浆管径/mm	64			
排浆管径/mm	25 或 32			
整机质量/kg	700			
外形尺寸(长×宽×高)/mm	1 550×850×685			

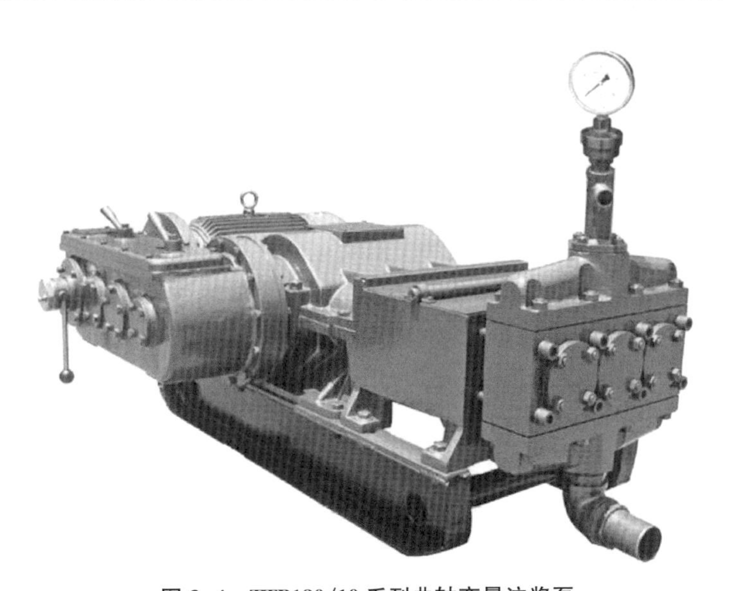

图 3-4 TTB180/10 系列曲轴变量注浆泵

3.1.4 注浆管

注浆管采用黑铁管,内径为 25 mm,壁厚≥2.8 mm。

3.1.5 注浆器

注浆器要在高水压环境下工作,因此必须能够承受 1 MPa 以上的静水压力,并且具有止回功能,防止水土和混凝土进入注浆器,造成注浆器堵塞。注浆器采用黑铁管(规格与注浆管相同)制作,首先在管壁上开出梅花形布置的出浆孔,出浆孔直径为8 mm,总面积大于注浆管内截面面积,然后用硬橡胶管紧密包裹黑铁管,防止水、土和混凝土渗入,如图 3-5 所示。

图 3-5 注浆器

3.2 束浆装置设计与制作

3.2.1 束浆装置设计

束浆装置为圆柱形,如图 3-6 所示。束浆袋直径一般为钻孔灌注桩钢筋笼直径+300 mm,或者预应力管桩(钢管桩)外径+300 mm,高度根据承载力估算确定,多为 6.0~7.0 m。根据桩身不同,束浆袋分为两种:一种为双层束浆袋,适用于柱身为钻孔灌注桩的注浆成型挤扩桩,除留有一个注浆管插入袖管外,其余全部缝纫密封。水泥浆通过注浆管注入后,全部留存在束浆袋中。另一种为单层束浆袋,适用于桩身为钢管桩或预应力管桩的注浆成型挤扩桩,它套装在桩身上,上下两端绑扎在桩身上,与桩身一起形成密闭的储浆空间,水泥浆通过桩身出浆孔注入束浆袋中。

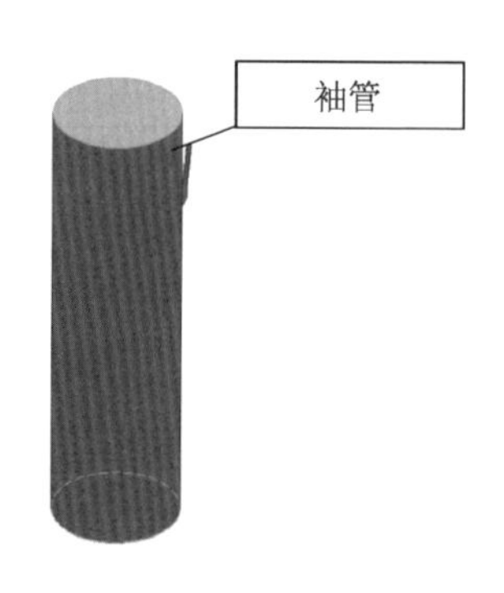

图 3-6 束浆袋

3.2.2 束浆装置制作

(1) 制作材料。束浆袋采用涤纶防水帆布(图 3-7)制作,基布由涤纶长丝编织而成。涂层为聚氯乙烯,涂层厚度为 240 g/m^2。涤纶防水帆布的主要性能见表 3-4。

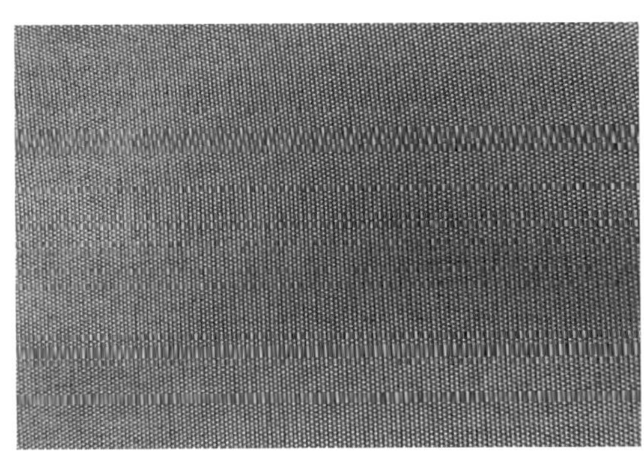

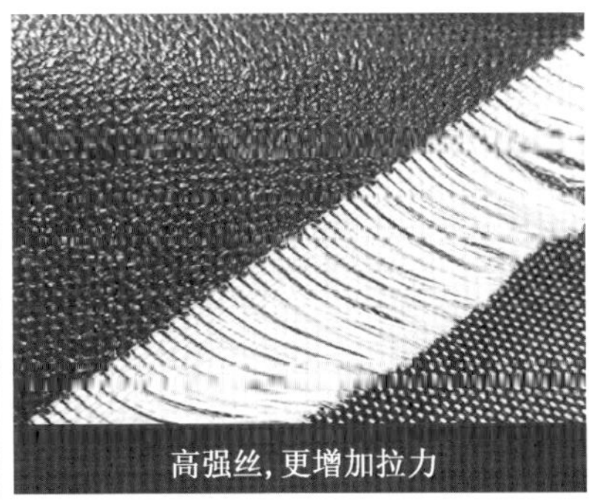

图 3-7 涤纶防水帆布

表 3-4 涤纶防水帆布主要性能

性能	测试方法	单位	测试结果	
厚度	DIN5353	mm	0.55	
重量	DIN53352	g/m²	556	
抗拉强度	DIN53354	N/5 cm	2782(经)	2407(纬)
撕裂强度	DIN53363	N	360(经)	321(纬)

(2) 制作要求：束浆袋采用热熔或缝纫连接，连接强度大于母材强度。①热熔连接：拼接宽度不小于 3.5 cm；②缝纫连接：双针双线，缝纫线为 600D 尼龙高强线。目前，束浆袋连接以缝纫连接为主，热熔连接为辅。图 3-8 所示为热熔连接。

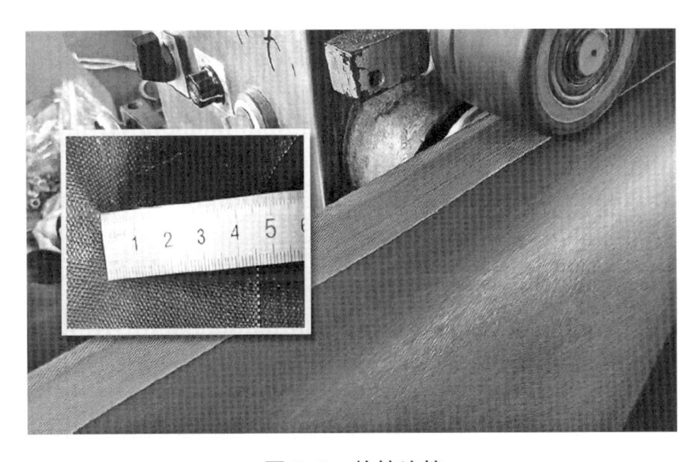

图 3-8 热熔连接

3.3 注浆材料设计与制备

3.3.1 注浆材料设计

（1）原材料。水泥宜采用普通硅酸盐水泥，水泥强度等级不应低于 42.5 级。水泥的质量应符合国家相关规范标准，应有出厂质量证明书并复试合格。

（2）配合比。为保证高压注浆顺利，控制注浆阻力，水泥浆的水灰比取 0.55，1 t 水泥和 0.55 t 水配置 0.872 m^3 水泥浆，水泥浆比重为 1.755，因此可以根据注浆挤扩桩注浆体积换算所需水泥和水的用量，也可以通过测试水泥浆比重控制水泥浆水灰比。

3.3.2 注浆材料制备

（1）按照设计要求的注浆体积和水灰比，通过计算确定单根桩注浆所需水泥和水的用量。

（2）根据注浆总体安排和制浆机的容量，确定一次制浆所需水泥和水的用量。

（3）水泥和水准确称量后，投入制浆机中搅拌，搅拌时间不少于 3 min。

（4）水泥浆经过 3 mm×3 mm 滤网过滤后储存于储浆桶中，防止水泥浆中有水泥颗粒堵塞注浆管和注浆器。

3.4 注浆挤扩施工与管理

根据桩身不同，注浆挤扩桩有多种类型，但是注浆挤扩施工基本相同。下面以注浆挤扩钻孔灌注桩为例，简要介绍注浆挤扩施工与管理要点。

3.4.1 注浆挤扩施工

（1）束浆袋安装。首先将钢筋笼架立在支架上；然后将束浆袋套装在钢筋笼上，束浆袋下端距钢筋笼底 50 cm；最后用 14 号铁丝将束浆袋两端固定在钢筋笼加强箍上。为保证束浆袋各向均衡扩张，束浆袋应当分散收束，严禁集中收束，如图 3-9 所示。为防止束浆袋散开影响钢筋笼下放，中间每隔 1.0 m 用细铁丝或胶带将束浆袋捆紧在钢筋笼上。

(2) 注浆管安装。注浆管底端缠裹生胶带后安装注浆器，通过袖管插入束浆袋底部，并用16号铁丝将袖管扎牢、密封，防止束浆袋漏浆。注浆管的连接为螺纹连接，接头部位缠绕止水胶带，接头应用管钳拧紧，保证注浆管密封，防止漏浆。注浆管应随钢筋笼同时下放，注浆管与钢筋笼的固定采用铁丝绑扎，绑扎间距要求为2 m。

图3-9 束浆袋收束

(3) 注浆挤扩施工。钻孔灌注桩混凝土灌注完成24 h后开始注浆挤扩。注浆以注浆量控制为主，注浆压力控制为辅。为防止注浆压力过大，损坏束浆袋，注浆宜分3次进行，每次注浆量为总注浆量的1/3，中间间隔15～20 min，如中途压力达到1.5 MPa，应暂停注浆，待15～20 min后，再次注浆，直至设计注浆量压注完成。

3.4.2 注浆挤扩管理

注浆挤扩桩管理主要包括材料管理、安装管理和注浆管理。

1. 材料管理

(1) 束浆袋：束浆袋安装之前要重点检查帆布质量、束浆袋几何尺寸(长度和直径)以及完整性。

(2) 注浆管：注浆管安装之前要重点检查注浆管的材质、直径、壁厚以及接头加工质量。

(3) 注浆器：注浆器安装之前要重点检查本体管材材质、直径、壁厚以及包裹硬橡胶质量，确保注浆器具有止回功能。

(4) 水泥：水泥进场检验合格后才能使用，注浆挤扩完成后需提供水泥检验报告。

2. 安装管理

(1) 束浆袋安装。束浆袋安装时重点检查束浆袋固定是否牢固，特别是底端是否与钢筋笼加强箍牢固连接。束浆袋下放前检查内部空气是否排放干净，以便钢筋笼顺利下放。

(2) 注浆管安装。注浆管安装时重点检查注浆管固定是否牢固,注浆管接头是否采用生胶带密封,连接接头是否牢固。

3. 注浆管理

注浆挤扩桩施工时重点把控注浆时间、注浆压力、注浆量和注浆速度,要采取措施确保注浆量满足设计要求。特别需要注意的是,与传统桩基后注浆不同,注浆挤扩桩注浆施工无需清水开塞,以免影响注浆挤扩桩承载性能。

4 注浆成型挤扩桩单桩承载力计算

桩基承载力计算一直是研究热点，也已取得不少成果。但是由于桩基荷载传递机理非常复杂，土的物理力学性质参数变化较大，不易准确获取。目前，桩基承载力确定还是以静载试验为主，理论计算为辅，设计等级高的桩基工程尤其如此。因此，现有的桩基承载力计算方法的准确性还难以满足设计需要。

注浆成型挤扩桩作为一种全新的桩型，理论研究还不够深入，工程应用还不够广，工程经验还不多，其承载力先借鉴常规桩承载力计算方法进行估算，最终需通过桩基静载试验才能准确确定。

4.1 注浆成型挤扩桩承载机理分析

4.1.1 注浆成型挤扩桩承载机理

注浆成型挤扩桩的承载机理如下：通过高压注浆使束浆袋扩张，挤扩桩周土体，增强桩周土体约束，强化桩周土体和孔壁泥皮，以及扩大桩身直径，从而显著提高桩侧阻力和桩基承载力，其承载机理与常规桩承载机理具有显著差异，主要表现在以下四个方面。

1. 土体约束显著增强

注浆成型挤扩桩桩土之间存在较大的相互作用力，受力类似膨胀螺栓，如图 4-1 所示。常规钻孔灌注桩承受的水平土压力一般不超过静止土压力。而在注浆成型挤扩桩施工过程中，注浆压力远超过土的临塑压力，最大达到极限压力，因为只有这样，土体才能向外扩张，挤扩段才能成型。挤扩段成型以后，停止注浆挤扩，随着桩周土体变形和孔隙水压力消散，挤扩段桩身受到的土压力会有所减小，但是仍然远较静止土压力大。挤扩段所受约束力的大小既受注浆压力影响，也受土体力学性质影响。注浆压力越大，约束力越大；土体力学性质越好，约束力越大。因此，注浆成型挤扩桩挤扩段受到的土体约束作用较常规桩受到的土体约束作用大得多，挤扩段桩侧阻力远较常规桩的大，这是其承载性能优异的重要原因。

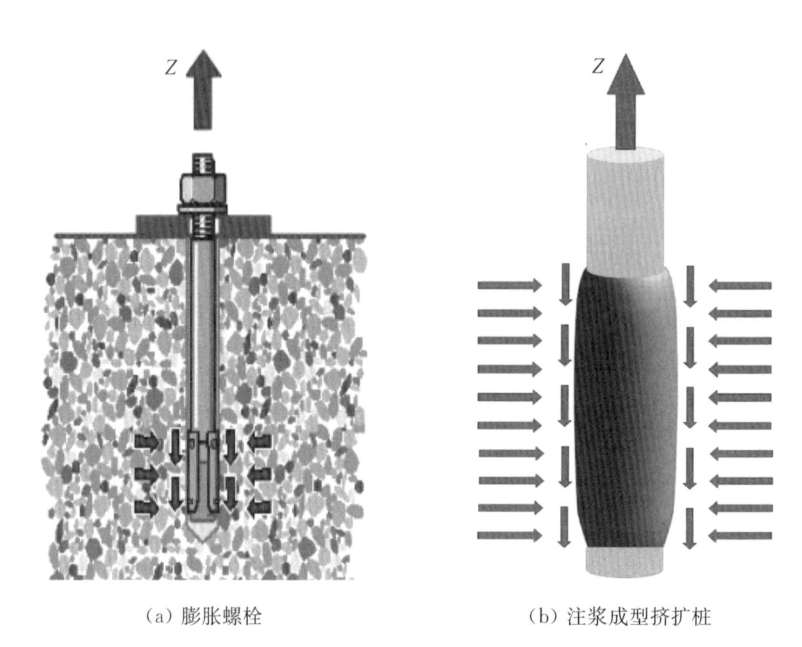

（a）膨胀螺栓　　（b）注浆成型挤扩桩

图 4-1　注浆成型挤扩桩承载机理

2. 孔壁泥皮得到强化

钻孔灌注桩施工时，为了保持孔壁稳定，多采用泥浆护壁，因此，孔壁存在厚薄不一的泥皮。泥皮厚度主要受地层稳定性控制：地层越稳定，泥皮越薄，如黏土和密实砂土地层中，泥皮厚度仅为 1～5 mm；地层越不稳定，泥皮越厚，如松散砂土、强风化花岗岩中，泥皮厚达 50～60 mm，造成桩侧阻力大幅减小，深圳某项目钻孔灌注桩泥皮厚度甚至超过 100 mm，如图 4-2 所示。在注浆挤扩桩注浆施工过程中，泥皮受到 1.0～2.0 MPa 压力的挤压作用而挤密强化，抗剪强度显著提高。

图 4-2　深圳某项目钻孔灌注桩的泥皮

3. 桩周土体得到强化

在桩基施工过程中，周围土体受到很大扰动，力学性质有较大劣化，部分遇水软化的土体，如广东和福建广泛分布的砂土状强风化花岗岩尤其如此，桩土咬合作用明显弱化。而在注浆成型挤扩桩注浆施工过程中，桩周土体受到 1.0～2.0 MPa 压力的挤压作用而被挤密，力学性质有很大改善，抗剪强度明显提高，桩土咬合作用得到强化。

4. 桩身直径得到扩大

注浆成型挤扩采用 P.O 42.5 水泥净浆，水灰比为 0.55，施工完成后，束浆袋中硬化水泥浆体强度超过 30 MPa，远较桩周土体强度高。桩基受力破坏一般发生在硬化水泥浆体与土体之间，因此，只要注浆挤扩段足够长（超过桩身直径 4 倍），注浆挤扩实际上扩大了桩身直径，增大了桩土结合面。

综上所述，注浆成型挤扩桩通过注浆挤扩提高了挤扩段的侧阻力，在注浆挤扩桩的承载力构成中，挤扩段的侧阻力占较大比重，一般要超过 50%，甚至超过 80%，抗拔注浆挤扩桩尤其如此。注浆成型挤扩桩相当于嵌岩桩，它通过挤扩段嵌固于力学性能良好的持力层中，承载机理与膨胀螺栓相似。

国内外学者对嵌岩桩承载机理有深入研究。刘金砺通过大量实测研究发现，对于长径比 $l/d > 15 \sim 20$ 的泥浆护壁钻（冲）孔嵌岩桩，其荷载传递具有一般摩擦桩的特性，即桩侧阻力先于桩端阻力发挥出来，桩端分担的荷载较小，属于摩擦桩；当桩的长径比 $l/d > 35$，而覆盖层土层又不太软的情况下，其桩端阻力分担荷载的比例很小（<5%），嵌岩段桩侧阻力发挥所需相对位移较小，极限荷载作用下呈脆性破坏。

注浆挤扩桩承载机理与嵌岩桩相似，但具体而言，注浆挤扩桩的承载机理还因施工工艺不同而存在较大差异。当桩身采用泥浆护壁工艺施工时，如注浆挤扩钻（冲）孔灌注桩，桩底难免存在一定厚度的沉渣[《建筑桩基技术规范》(JGJ 94—2008)中规定：在灌注混凝土前，孔底沉渣厚度对于端承型桩不应大于 50 mm；对于摩擦型桩不应大于 100 mm；对于抗拔、抗水平力桩不应大于 200 mm]。泥浆护壁钻孔灌注桩桩端与持力层并没有直接接触，因此，在竖向压荷载作用下，首先是桩侧阻力发挥作用并达到极限状态，然后是桩底沉渣压缩，桩端阻力逐步发挥作用，并达到极限状态。桩侧阻力与桩端阻力难以同时发挥作用，因此，桩身采用泥浆护壁施工的注浆挤扩桩承载力主要受桩侧阻力控制。当采用后注浆技术加固桩底沉渣以后，桩端与持力层紧密接触，两者之间还存在较大的相互作用力，在竖向压荷载作用下，桩侧阻力和桩端阻力同时发挥作用，因此，采用桩端后注浆的注浆挤扩桩承载力受桩侧阻力和桩端阻力共同控制，其承载性能显著优于普通钻孔灌注桩。

4.1.2 注浆挤扩桩承载性能影响因素

从桩的荷载传递机理（详见 1.1 节）可以看出，桩顶荷载要通过桩身传递至桩侧和桩端土层中，因此，总体而言，桩的承载性能除受桩身施工工艺影响外，主要受桩身强度特性和土体特性影响。注浆挤扩桩与常规桩的承载机理有显著差异，因此其承载性能除受桩身强度特性、土体特性影响外，还受桩基施工工艺和注浆挤扩特性影响，其中，土体特性和注浆挤扩特性影响尤为显著。

1. 桩身强度特性

在注浆挤扩桩中，桩身起到荷载传递的作用，因此，首先桩身强度必须满足设计要求；其次，如果作为抗拔桩，桩身配筋还必须满足裂缝控制要求。桩长和桩径对注浆挤扩桩承载性能影响相对较小，注浆挤扩桩主要通过挤扩段提高承载力，因此，在挤扩桩设计中，应当通过提高混凝土强度、缩小桩径、缩短桩长，从而达到降本增效的目的。

2. 桩周土体特性

注浆挤扩桩主要是通过注浆挤扩增强桩周土体对桩身的约束作用，进而提高桩侧阻力和桩基承载力，因此，挤扩段桩周土体特性对注浆挤扩桩承载性能影响极为显著。挤扩段桩周土体强度越高，桩周土体对桩身的约束就越强，注浆挤扩桩的承载性能就越好；反之，挤扩段桩周土体强度越低，桩周土体对桩身的约束就越弱，注浆挤扩桩的承载性能就越差。因此，注浆挤扩桩特别适合硬塑至可塑黏土、中密至密实砂土、砾砂、砂土状强风化和碎块状强风化岩石、泥岩、泥砂岩、粉砂岩等地层，而在淤泥、淤泥质黏土、松散砂土等土层中，注浆挤扩桩的承载性能则一般。

3. 桩基挤扩特性

注浆挤扩桩优异的承载性能，归根结底，来源于高压注浆对桩周土体产生的挤扩作用，因此，注浆挤扩特性对注浆挤扩桩的承载性能具有决定性的影响。注浆挤扩特性主要包括注浆挤扩压力、挤扩幅度和挤扩段长度。注浆挤扩压力越大，桩土相互作用力越大，桩周土体对桩身的约束作用越强，桩基承载性能越好。同时，一定的注浆挤扩压力也是确保注浆量达到设计要求的注浆挤扩幅度的基础。注浆挤扩幅度越大，桩土结合面越大，桩基承载性能越好；注浆挤扩段长度越大，桩土结合面越大，桩基承载性能越好。

综上所述，注浆成型挤扩桩的承载性能主要受桩周土体特性和注浆挤扩特性的影响，因此，在注浆挤扩桩的应用中，首先应选择合适的持力层，挤扩段必须位于强度较高的土层中，如硬塑至可塑黏土、中密至密实砂土和软岩中；其次必须保证注浆挤扩施工质量，重点关注注浆挤扩压力、挤扩幅度和挤扩段长度。

4.2 注浆成型挤扩桩承载力计算

4.2.1 抗压承载力计算

注浆成型挤扩桩抗压承载力主要由三部分构成：非挤扩段侧阻力、挤扩段侧阻力和桩端阻力。抗压承载力计算可以参照行业规范《建筑桩基技术规范》(JGJ 94—2008)中的经验参数法进行，只是挤扩段的侧阻力计算需要考虑注浆成型挤扩产生的桩周土体约束增强作用。挤扩桩抗压承载力计算模型如图 4-3 所示。

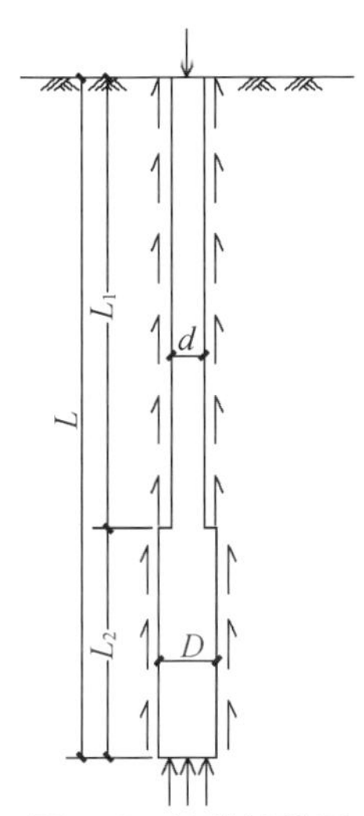

图 4-3 挤扩桩抗压承载力计算模型

$$Q_{uk}=Q_{s1k}+Q_{s2k}+Q_{pk}$$
$$=\pi d\sum q_{sik}l_i+\pi D\sum q_{sjk}l_{j}+\alpha P_{sk}A_p \quad (4-1)$$

式中，Q_{uk} 为基桩抗压极限承载力标准值，kN；Q_{s1k} 为基桩非挤扩段总极限侧阻力标准值，kN；Q_{s2k} 为基桩挤扩段总极限侧阻力标准值，kN；Q_{pk} 为基桩极限端阻力标准值，kN；d 为桩身非挤扩段直径，m；D 为桩身挤扩段直径，m；q_{sik} 为非挤扩段桩周第 i 层土的极限侧阻力标准值，kPa；q_{sjk} 为挤扩段桩周第 j 层土的极限侧阻力标准值，kPa；l_i 为非挤扩段桩周第 i 层土的厚度，m；l_j 为挤扩段桩周第 j 层土的厚度，m；α 为成桩工艺系数(取值详见 4.2.3 节)；P_{sk} 为桩的极限端阻力标准值，kPa；A_p 为桩端面积，m^2。

挤扩段桩周第 j 层土的极限侧阻力标准值 q_{sjk}，采用钦德勒(Chandler，1968)提出的桩侧阻力计算的有效应力法——β 法确定：

$$q_{sjk}=c'+\sigma'_h\tan\varphi' \quad (4-2)$$

式中，σ'_h 为挤扩段桩周水平有效应力，kPa；c' 为土的有效黏聚力标准值，kPa；φ' 为土的有效内摩擦角标准值，(°)。

4.2.2 抗拔承载力计算

注浆成型挤扩桩抗拔承载力主要由两部分构成：非挤扩段侧阻力和挤扩段侧

阻力。抗拔承载力估算可以参照行业规范《建筑桩基技术规范》(JGJ 94—2008)中的经验参数法进行,同样,挤扩段的侧阻力计算需要考虑注浆挤扩产生的桩周土体约束增强作用。挤扩桩抗拔承载力计算模型如图 4-4 所示。

$$T_{uk}=T_{s1k}+T_{s2k}=\pi d\sum\lambda_i q_{sik}l_i+\pi D\sum q_{sjk}l_j \tag{4-3}$$

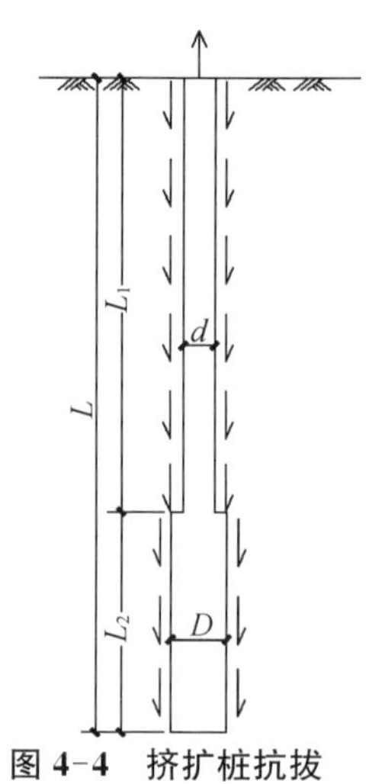

图 4-4　挤扩桩抗拔承载力计算模型

式中,T_{uk} 为基桩抗拔极限承载力标准值,kN;T_{s1k} 为基桩非挤扩段总极限侧阻力标准值,kN;T_{s2k} 为基桩挤扩段总极限侧阻力标准值,kN;d 为桩身非挤扩段直径,m;D 为桩身挤扩段直径,m;q_{sik} 为非挤扩段桩周第 i 层土的极限侧阻力标准值,kPa;q_{sjk} 为挤扩段桩周第 j 层土的极限侧阻力标准值,kPa;l_i 为非挤扩段桩周第 i 层土的厚度,m;l_j 为挤扩段桩周第 j 层土的厚度,m;λ_i 为桩周第 i 层土的抗拔系数,可按表 4-1 取值。

表 4-1　抗拔系数 λ

土类	λ 值
砂土	0.50～0.70
黏性土、粉土	0.70～0.80

注:桩长 l 与桩径 d 之比小于 20 时,λ 取小值。

挤扩段桩周第 j 层土的极限侧阻力标准值 q_{sjk},采用钦德勒(Chandler, 1968)提出的桩侧阻力计算的有效应力法——β 法确定:

$$q_{sjk}=c'+\sigma_h'\tan\varphi' \tag{4-4}$$

式中,σ_h' 为挤扩段桩周水平有效应力,kPa;c' 为土的有效黏聚力标准值,kPa;φ' 为土的有效内摩擦角标准值,(°)。

4.2.3　参数确定

1. 非挤扩段桩身直径 d

对于注浆挤扩钻孔灌注桩,非挤扩段桩身直径 d 取钻孔灌注桩设计直径即可。对于注浆挤扩钢管桩和预应力管桩,非挤扩段桩身直径 d 取钢管桩或预应力管桩外径。

2. 挤扩段桩身直径 D

注浆成型挤扩桩挤扩段的桩身由基桩本体(钻孔灌注桩、钢管桩或预应力管桩)和挤扩体组成。挤扩体由水灰比约为 0.55 的 P.O 42.5 水泥净浆硬化而成,其抗压强度在 30 MPa 以上,远高于桩周土体强度,因此,在竖向荷载作用下,挤扩段的剪切破坏必然发生在挤扩体与桩侧土之间,挤扩段桩身直径 D 取挤扩体外径。

3. 桩端面积 A_p

桩端面积取非挤扩段桩身横截面面积:

$$A_p = \frac{\pi d^2}{4} \tag{4-5}$$

式中,d 为桩身非挤扩段直径,m。

4. 桩身非挤扩段极限侧阻力标准值 q_{sik}

对于注浆挤扩钻孔灌注桩,以及钻孔植入的注浆挤扩钢管桩或预应力管桩,桩身非挤扩段极限侧阻力标准值 q_{sik} 取泥浆护壁钻孔灌注桩的极限侧阻力标准值;对于静压或动力沉桩的注浆挤扩钢管桩或预应力管桩,桩身非扩段极限侧阻力标准值 q_{sik} 取预制桩的极限侧阻力标准值。

5. 挤扩段桩周水平有效应力 σ_h'

在注浆挤扩桩注浆挤扩过程中,桩周土体在高压水泥浆作用下,发生超过 10 cm 以上的变形,即桩周土体发生了塑性变形,因此,注浆压力应当超过土体旁压试验的极限压力。注浆停止以后,水泥浆压力因为土体挤扩变形而减小。当水泥浆压力等于土体旁压试验的临塑压力时,土体不再发生挤扩变形,水泥浆压力维持不变,因此,挤扩段桩周土体残余水平应力可以取土体旁压试验的临塑压力 P_f。当缺乏旁压试验结果时,也可以采用式(2-12)计算得到的注浆挤扩临界压力 P_c。挤扩段桩周水平有效应力 σ_h' 等于临塑压力 P_f 或注浆挤扩临界压力 P_c 减去孔隙水压力。

6. 土的有效黏聚力 c' 和有效内摩擦角标准值 φ'

鉴于目前地质勘察报告很少提供土的有效黏聚力 c' 和有效内摩擦角标准值 φ',因此,计算时可以采用地质勘察报告提供的固结快剪试验得到的土的抗剪强度指标,该抗剪强度指标较有效应力抗剪强度指标小,故计算结果偏于安全。

7. 成桩工艺系数 α

对于泥浆护壁施工的注浆挤扩桩,桩底沉渣未注浆加固时,成桩工艺系数 α 取 0;桩底沉渣采用后注浆加固时,成桩工艺系数 α 参照表 4-2 取值。对于静压沉桩的注浆挤扩钢管桩或预应力管桩，成桩工艺系数 α 取 1。

表 4-2　成桩工艺系数 α

土层名称	黏性土 粉　土	粉　砂 细　砂	中　砂	粗　砂 砾　砂	砾　石 卵　石	全风化岩 强风化岩
α	2.2～2.5	2.4～2.8	2.6～3.0	3.0～3.5	3.2～3.4	2.0～2.4

注：参照《建筑桩基技术规范》(JGJ 94—2008)表 5.3.10。

8. 桩的极限端阻力标准值 P_{sk}

对于注浆挤扩钻孔灌注桩，桩的极限端阻力标准值 P_{sk} 取泥浆护壁钻孔灌注桩的极限端阻力标准值；对于静压沉桩的注浆挤扩钢管桩或预应力管桩，桩的极限端阻力标准值 P_{sk} 取预制桩的极限端阻力标准值。

4.3　工程算例

4.3.1　深圳坪山世茂中心

1. 工程概况

深圳坪山世茂中心项目是集公寓、办公和大型商业为一体的综合性建筑群体，包括 1 栋高层公寓、商业裙楼和 1 栋 62 层、高约 302 m 的超高层塔楼。商业裙楼占地面积约为 22 000 m^2，地下 4 层，地上 2～4 层，基础底板顶标高约－17.80 m(建筑标高)，抗浮水位为－2.0 m(建筑标高)，抗浮要求非常高。

2. 地质概况

根据深圳市工勘岩土集团有限公司提供的“深圳市坪山区坪山世茂中心项目岩土工程勘察报告(详细勘察)”，按沉积年代、成因类型及物理力学性质的差异，场地内地层自上而下依次如下：

①$_1$素填土：褐黄、灰褐色，松散～稍密，土质不均匀，主要由黏性土、砂土组成，局部夹含少量块石。层厚 0.60～8.50 m，平均层厚 3.36 m。层底高程 34.73～42.13 m。

①$_2$杂填土：杂色，松散，土质不均匀，主要由碎混凝土块、碎砖等建筑垃圾组成，局部分布。层厚 1.10～2.80 m，平均层厚 1.98 m。层底高程 39.11～40.54 m。

⑤$_1$粉质黏土：褐黄、浅黄、浅灰色，局部夹褐红色，可塑状，局部含粉、细砂。层底高程 25.59～39.41 m。

⑤$_2$粉砂：褐黄、浅黄色，稍湿，稍密状，颗粒成分为石英质，粉黏粒含量15%～25%，仅局部分布。层厚1.0～6.80 m，平均层厚3.40 m。层底高程30.97～38.38 m。

⑥砾砂：灰白色、浅灰色，局部夹浅黄色，稍湿～饱和，中密状。层厚0.70～45.20 m，平均层厚11.98 m。层底高程 10.00～35.60 m。

⑦粉质黏土：褐黄、褐红、灰色等，可塑～硬塑状，切面稍有光泽。层厚16.50～66.50 m，平均层厚37.20 m。层底高程−54.03～−0.43 m。

⑨粉质黏土：深灰色、灰黑色，很湿，软塑～可塑状为主，含角砾。层厚1.70～46.80 m，平均层厚20.98 m。层底高程−58.63～−1.33 m。

各土层的主要物理力学参数详见表4-3。

表4-3 各土层的主要物理力学参数

土层名称	天然密度/(kN·m^{-3})	标准贯入试验修正标准值 N	固结快剪		承载力特征值建议值 f_{ak}/kPa
			黏聚力 c/kPa	内摩擦角 φ/(°)	
①$_1$素填土	18.6	—	12	12	80
⑤$_1$粉质黏土	18.7	10.1	20	15	120
⑥砾砂	19.4	15.4	0	35	220
⑦粉质黏土	19.9	19.5	24	24	180
⑨粉质黏土	19.5	—	22	10	80

注：黏聚力及内摩擦角是参考土工试验结果并根据相似工程经验提出。

根据广东省《建筑地基基础设计规范》(DBJ 15—31—2016)和深圳市《地基基础勘察设计规范》(SJG 01—2010)，结合类似场地经验，对于旋挖和冲孔灌注桩，各岩土层桩基础力学参数建议值如表4-4所示。

表4-4 桩基础力学参数建议值

土层名称	岩土状态	桩侧阻力特征值 q_{sa}/kPa	桩端阻力特征值 q_{pa}/kPa	抗拔系数 λ
①素填土	松散	—	—	—
⑤$_1$粉质黏土	可塑	20	—	0.50
⑥砾砂	中密	50	1 200	0.50
⑦粉质黏土	可塑～硬塑	30	700	0.55
⑨粉质黏土	软塑～可塑	10	—	0.40

3. 挤扩桩设计

为了解注浆挤扩桩的抗拔承载能力，采用 3 根设计试桩，试桩加载值为 4 000 kN。设计试桩桩型为注浆挤扩钻孔灌注桩，桩径为 800 mm，挤扩段直径为 1 000 mm，有效桩长为 18 m，桩端持力层为⑦粉质黏土。注浆挤扩段主要处于⑦粉质黏土中，长度为 6.0 m，外径为 1.0 m。为准确获得注浆挤扩钻孔灌注桩的抗拔承载力，采用双套管将基础底板以上桩身与周围土体隔离，如图 4-5 所示。

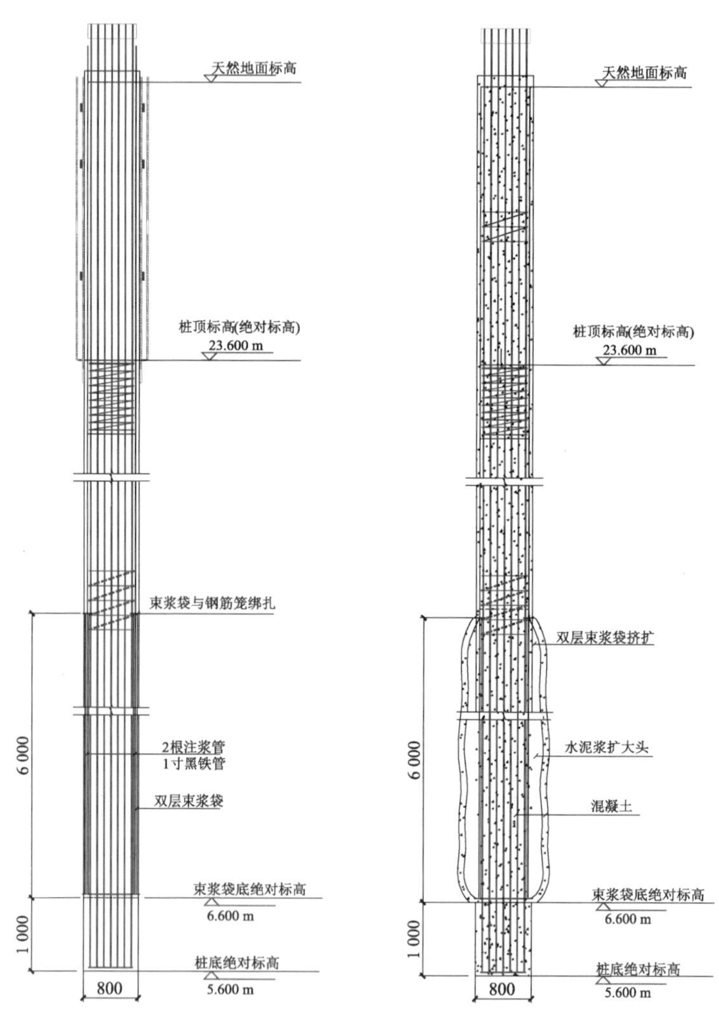

(a) 约束注浆抗拔试桩成型示意 1　　(b) 约束注浆抗拔试桩成型示意 2

图 4-5　注浆挤扩钻孔灌注桩试桩设计(单位：mm)

4. 抗拔承载力计算

试桩 ZJSZ1 附近(勘察孔 ZK31)场地地层分布详见表 4-5,有效桩长部分主要处于⑦粉质黏土中。

表 4-5　试桩 ZJSZ1 土层情况

土层名称	土层厚度/m	天然密度/(kN·m^{-3})	标准贯入试验修正标准值 N	固结快剪		桩侧阻力特征值 q_{sa}/kPa	桩端阻力特征值 q_{pa}/kPa	抗拔系数 λ
				黏聚力 c/kPa	内摩擦角 φ/(°)			
①$_1$素填土	3.0	18.6	—	12	12	—	—	—
⑤$_1$粉质黏土	3.0	18.7	10.1	20	15	20	—	0.50
⑥砾砂	10.8	19.4	15.4	0	35	50	1 200	0.50
⑦粉质黏土	18.2	19.9	19.5	24	24	30	700	0.55

场地地下水最小埋深为 6.0 m,⑦粉质黏土静止土压力系数取 0.45。采用式(2-12)可以计算得到注浆挤扩平均临界压力为 547 kPa(挤扩段顶),孔隙水压力为 225 kPa(挤扩段顶),挤扩段桩周水平有效应力 $\sigma'_h=322$ kPa。将试桩相关参数代入式(4-3),可以计算得到试桩 ZJSZ1 的抗拔极限承载力标准值:

$$T_{uk}=T_{s1k}+T_{s2k}=\pi d\sum\lambda_i q_{sik}l_i+\pi D\sum q_{sjk}l_j$$
$$=3.14\times0.8\times0.55\times60\times12+3.14\times1.0\times(24+322\times\tan24°)\times6$$
$$=994.75+3\,153.13=4\,148(\text{kN})$$

5. 静载试验

3 根试桩的静载试验结果详见表 4-6 和图 4-6,3 根试桩都没有达到抗拔承载力极限。试桩 ZJSZ1 加载至 6 000 kN 仍然没有发生破坏,只是上拔量比较大,达到 43.01 mm,卸荷回弹率比较小,只有 35.18%,说明试验荷载已经接近单桩承载力极限。

表 4-6　注浆挤扩钻孔灌注桩抗拔静载试验成果

桩号	桩径/mm	有效桩长/m	最大试验荷载/kN	最大上拔量/mm	卸荷后残余上拔量/mm	卸荷后回弹率/%	单桩竖向抗拔承载力检测值/kN	单桩竖向抗拔承载力极限值/kN
ZJSZ1	800	18	6 000	43.01	27.88	35.18	6 000	≥6 000
ZJSZ2	800	18	5 600	6.44	0.85	86.80	5 600	≥5 600
ZJSZ3	800	18	4 800	9.25	1.17	87.35	4 800	≥4 800

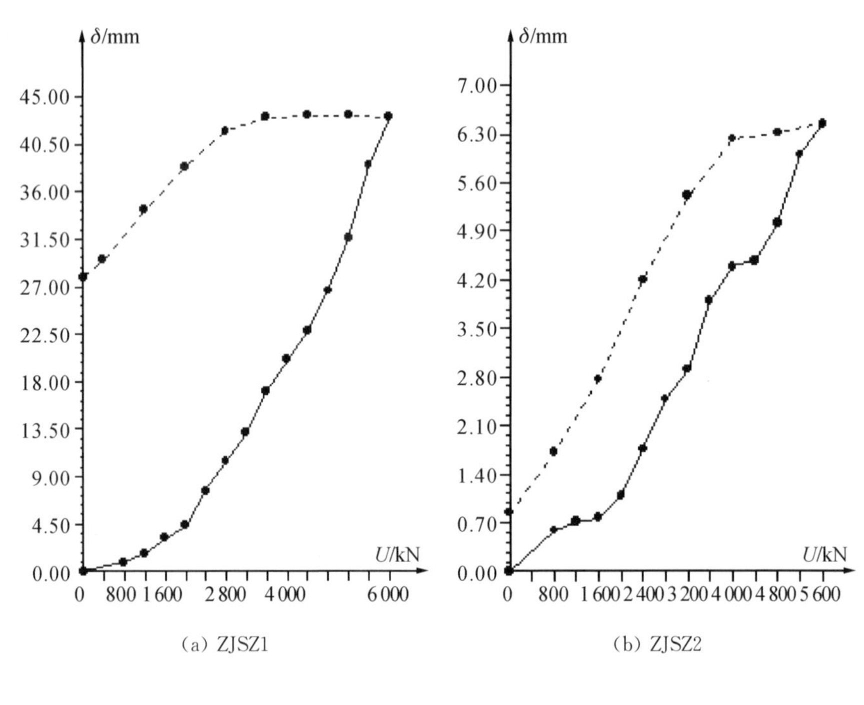

(a) ZJSZ1　　(b) ZJSZ2

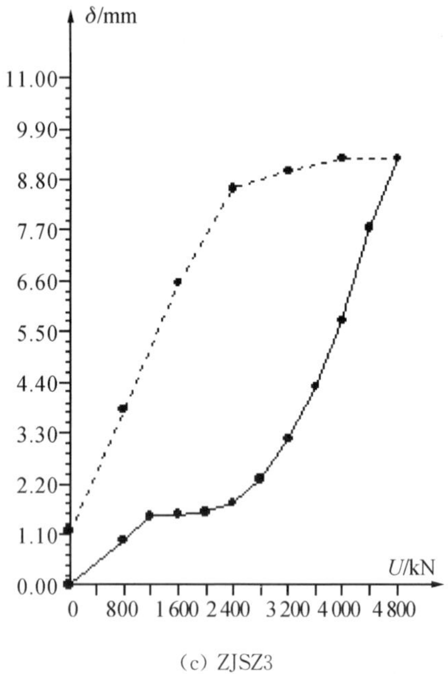

(c) ZJSZ3

图 4-6　抗拔试桩静载检测曲线(U-δ 曲线)

试桩 ZJSZ2 加载至 5 600 kN,因为天降大雨,地基发生破坏而终止加载,单桩上拔量最小,只有 6.44 mm,卸荷回弹率达到 86.80%,说明该桩仍然处于弹性变形阶段,存在较大的承载潜力。

试桩 ZJSZ3 加载至 4 800 kN,因为钢筋出现断裂而终止加载,单桩上拔量非常小,只有 9.25 mm,卸荷回弹率比较高,达到 87.35%,说明该桩仍然处于弹性变形阶段,存在较大的承载潜力。

6. 结果分析

对比计算结果与静载检测结果,发现两者差异比较大,静载检测结果明显大于计算结果,幅度接近 50%。初步分析,主要原因有二:一是地质勘察报告提供的岩土力学参数偏于保守,由于深圳地区钻孔灌注桩施工泥皮控制不理想,导致抗拔桩承载力偏小,为安全起见,地质勘察单位往往提供偏于安全的岩土力学参数;二是注浆挤扩段所处的⑦粉质黏土强度高,标准贯入试验修正标准值 N 达到 19.5,因此,注浆挤扩成型后,桩周残余水平应力很可能高于注浆挤扩临界压力,造成挤扩段桩侧阻力和桩基实际承载力高于计算承载力。

4.3.2 温州旭辉世茂招商鹿宸印

1. 工程概况

本工程(温州市核心片区站南单元 A-19 地块)占地面积 41 422 m^2,总建筑面积 172 370 m^2,由 9 栋 32～33 层的高层住宅楼(1# ～9#)、商业、配套用房及幼儿园组成,设有 2 层地下室。

2. 地质概况

根据宁波冶金勘察设计研究股份有限公司提供的“世茂温州市核心片区站南单元 A-19 地块岩土工程勘察报告(详勘阶段)”,按沉积年代、成因类型及物理力学性质的差异,场地内地层自上而下依次如下:

①$_1$杂填土:杂色,松散,主要由建筑垃圾、块石、碎砾石、黏性土及少量砂组成,结构松散,成分杂乱,欠固结,土质均匀性极差。层厚 0.80～6.10 m,层顶高程4.09～8.22 m。

①$_2$黏土:灰黄色,可塑为主,向下逐渐变软塑,含铁锰质氧化斑点及结核物。局部因人为因素缺失,层厚 0.60～2.70 m,层顶高程 2.60～4.18 m。

②$_1$淤泥:灰色,流塑,鳞片状结构,含腐殖物和贝壳碎片,局部区域混粉砂,呈淤泥夹砂状。全场分布,层厚 10.80～17.50 m,层顶高程 0.51～3.57 m。

②$_2$淤泥:灰色,流塑,含腐殖物和贝壳碎片,偶夹粉砂薄层。全场分布,层厚

8.70～16.60 m，层顶高程－15.21～－8.89 m。

③₂黏土：灰色，软塑为主，局部可塑，含少量腐殖物、泥核，局部夹薄层粉砂。该层局部缺失，层厚 3.00～11.20 m，层顶高程－27.51～－21.92 m。

④₁黏土：灰黄色，可塑，含铁锰质斑点及结核物。该层局部缺失，层厚 1.90～8.70 m，层顶高程－32.51～－20.49 m。

④₂黏土：灰色，可塑，含少量腐殖物、泥核、碳化物碎屑，局部夹粉粒团块。全场分布，层厚 9.80～20.20 m，层顶高程－36.91～－26.29 m。

⑤₂粉质黏土：蓝灰、青灰色，可塑，含碳化物及朽木碎屑，局部含粉粒团块。全场分布，层厚 10.00～30.10 m，层顶高程－50.15～－46.63 m。

⑤₃₋₁粉砂：灰白色，中密，湿，单粒结构，砂粒矿物成分以石英、长石为主。该层局部分布，层厚 0.30～4.40 m，层顶高程－69.15～－56.53 m。

⑤₃₋₂圆砾：灰、灰褐色，中密，主要由卵石、圆砾、砂类及黏粉粒组成，砾石粒径一般以 2～30 mm 为主，最大可达 120 mm，颗粒级配较差，磨圆度较好，呈圆形或亚圆形，岩性以中等风化～微风化状凝灰岩为主，岩质较坚硬，微胶结。重（Ⅱ）型动力触探试验修正平均值 $N_{63.5}=12.0$ 击 /10 cm。该层全场分布，均未揭穿，控制层厚 6.00～12.40 m，层顶高程－76.75～－59.83 m。

各土层的主要物理力学参数详见表 4-7。

表 4-7　各土层的主要物理力学参数

土层名称	天然密度 /(kN·m^{-3})	标准贯入试验修正标准值 N	动力触探修正平均值 $N_{63.5}$	固结快剪		承载力特征值建议值 f_{ak}/kPa
				黏聚力 c/kPa	内摩擦角 φ/(°)	
①₁杂填土	18.0	—	—	—	—	—
①₂黏土	17.9	—	—	23	12.8	75
②₁淤泥	15.9	10.1	—	11.8	9.5	40
②₂淤泥	16.1	10.9	—	12.1	9.9	45
③₂黏土	18.0	15.4	—	23.5	13.3	90
④₁黏土	18.9	13.8	—	26.7	15.9	150
④₂黏土	18.4	11.8	—	25.2	14.7	130

（续表）

土层名称	天然密度 /(kN·m^{-3})	标准贯入试验修正标准值 N	动力触探修正平均值 $N_{63.5}$	固结快剪		承载力特征值建议值 f_{ak}/kPa
				黏聚力 c/kPa	内摩擦角 φ/(°)	
⑤$_2$粉质黏土	19.0	14.6	—	27.6	17.0	160
⑤$_{3\text{-}1}$粉砂		19.9	—	—	—	180
⑤$_{3\text{-}2}$圆砾	—	—	12	—	—	350

注：黏聚力及内摩擦角是参考土工试验结果并根据相似工程经验提出。

根据国家《建筑地基基础设计规范》(GB 50007—2011)、行业《建筑桩基技术规范》(JGJ 94—2008)、浙江省《建筑地基基础设计规范》(DB 33/T 1136—2017)，结合场地地层特征及地区经验，综合分析确定本场地各层地基土桩侧阻力特征值 q_{sa} 及桩端阻力特征值 q_{pa} 建议值，详见表 4-8。

表 4-8　桩基础力学参数建议值

土层名称	岩土状态	桩侧阻力特征值 q_{sa}/kPa	桩端阻力特征值 q_{pa}/kPa	抗拔系数 λ
①$_2$黏土	可塑	10	—	0.75
②$_1$淤泥	流塑	6	—	0.72
②$_2$淤泥	流塑	6.5	—	0.72
③$_2$黏土	软塑	18	—	0.75
④$_1$黏土	可塑	26	480	0.75
④$_2$黏土	可塑	25	420	0.75
⑤$_2$粉质黏土	可塑	30	550	0.75
⑤$_{3\text{-}1}$粉砂	中密	34	1 000	0.60
⑤$_{3\text{-}2}$圆砾	中密	50	2 000	0.60

3. 挤扩桩设计

为了解注浆挤扩桩的抗拔承载力，采用 6 根设计试桩。其中，抗拔桩 3 根，试桩加载值为 4 000 kN；抗压桩 3 根，试桩加载值为 7 500 kN。设计试桩桩型为注浆挤扩钻孔灌注桩，桩径为 700 mm，注浆挤扩段主要处于④$_2$黏土中，挤扩段直径 900 mm，长度为 7.0 m，桩底绝对标高为 −49.50 m，桩长约 55.5 m，如图 4-7 所示。

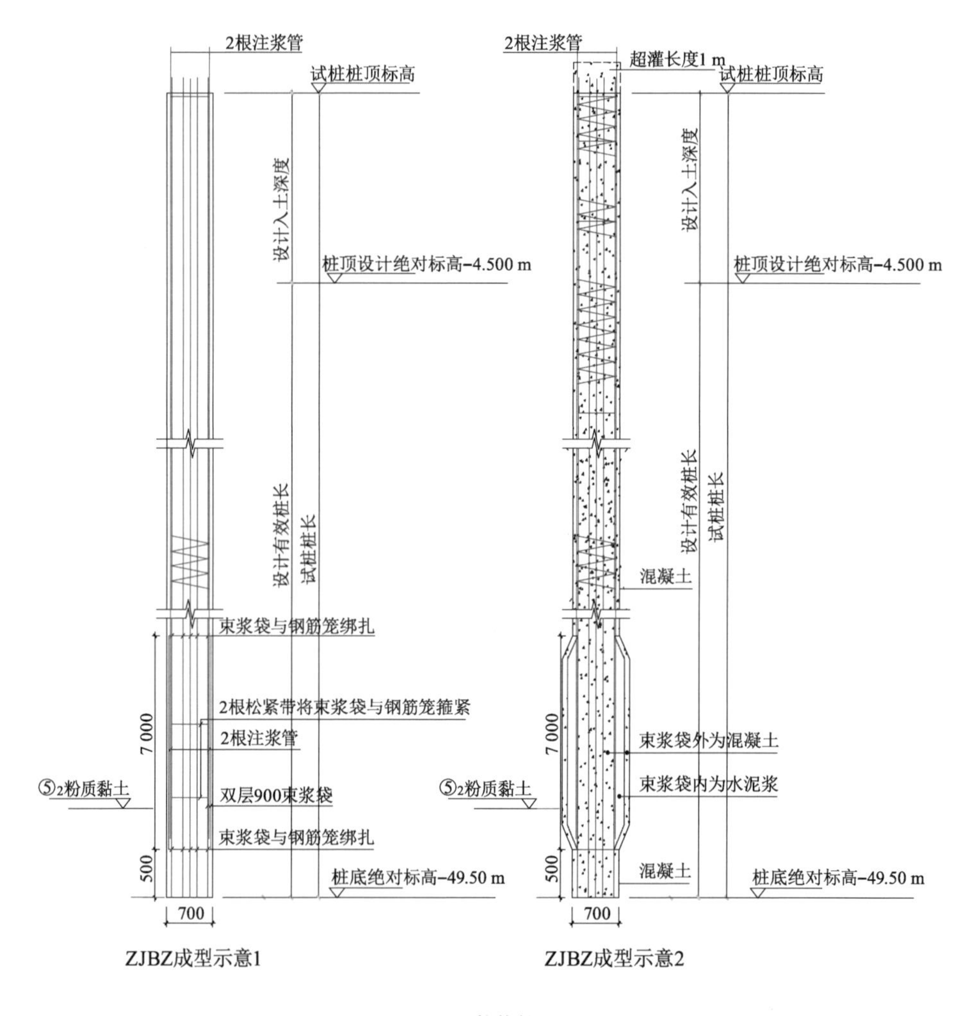

(a) 抗拔桩

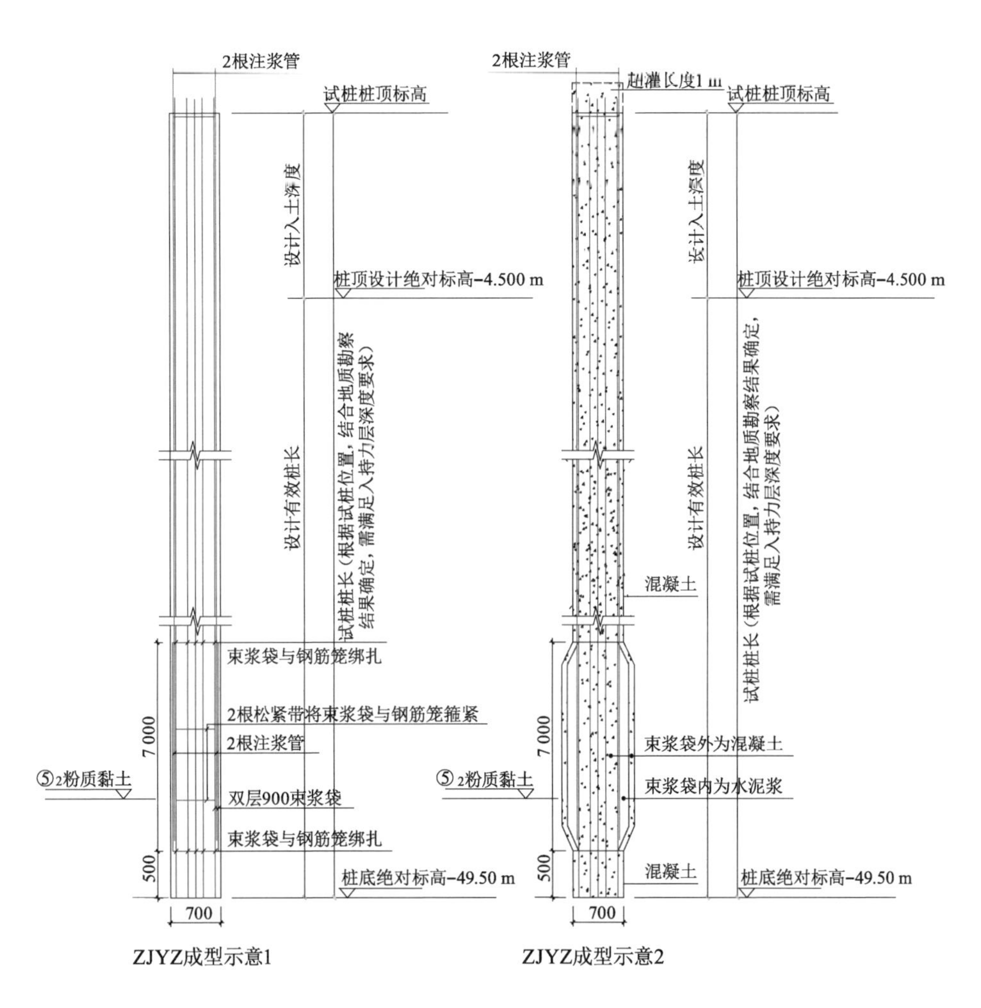

(b) 抗压桩

图 4-7 注浆挤扩钻孔灌注桩试桩设计(单位：mm)

4. 承载力计算

试桩附近(勘察孔 DK2)场地土层分布情况详见表 4-9，场地地下水最小埋深为 1.4 m，④$_2$黏土静止土压力系数取 0.50。桩基采用泥浆护壁工艺施工，桩基施工工艺系数 α 取 0。采用式(2-12)可以计算得到注浆挤扩平均临界压力为 830 kPa(挤扩段顶)，孔隙水压力为 469 kPa(挤扩段顶)，挤扩段桩周水平有效应力 σ'_h=361 kPa。将试桩相关参数代入式(4-1)，可以计算得到试桩的抗压极限承载力标准值：

表 4-9　试桩土层情况

土层名称	土层厚度/m	天然密度/(kN·m^{-3})	标准贯入试验修正标准值 N	固结快剪		桩侧阻力特征值 q_{sa}/kPa	桩端阻力特征值 q_{pa}/kPa	抗拔系数 λ
				黏聚力 c/kPa	内摩擦角 φ/(°)			
①$_1$杂填土	2.6	18.0				—	—	—
①$_2$黏土	2.7	17.9	—	23	12.8	10	—	0.75
②$_1$淤泥	13.4	15.9	10.1	11.8	9.5	6	—	0.72
②$_2$淤泥	11.3	16.1	10.9	12.1	9.9	6.5	—	0.72
③$_2$黏土	3.9	18.0	15.4	23.5	13.3	18	—	0.75
④$_1$黏土	3.6	18.9	13.8	26.7	15.9	26	480	0.75
④$_2$黏土	14.7	18.4	11.8	25.2	14.7	25	420	0.75
⑤$_2$粉质黏土	3.58	19.0	14.6	27.6	17.0	30	550	0.75

$$
\begin{aligned}
Q_{uk} &= Q_{s1k} + Q_{s2k} + Q_{pk} = \pi d \sum q_{sik} l_i + \pi D \sum q_{sjk} l_{j+} \alpha P_{sk} A p \\
&= 3.14 \times 0.7 \times (2.7 \times 20 + 13.4 \times 12 + 11.3 \times 13 + 3.9 \times 36 + 3.6 \times 52 + \\
&\quad 10.78 \times 50 + 0.5 \times 60) + 3.14 \times 0.9 \times (25.2 + 361 \times \tan 14.7°) \times 3.92 + \\
&\quad 3.14 \times 0.9 \times (27.6 + 361 \times \tan 17°) \times 3.08 + 0 \times 550 \times 3.14 \times 0.9^2/4 \\
&= 2\ 765.7 + 1\ 328.31 + 1\ 200.89 + 0 = 5\ 295(\text{kN})
\end{aligned}
$$

将试桩相关参数代入式(4-3)，可以计算得到试桩的抗拔极限承载力标准值：

$$
\begin{aligned}
T_{uk} &= T_{s1k} + T_{s2k} = \pi d \sum \lambda_i q_{sik} l_i + \pi D \sum q_{sjk} l_j \\
&= 3.14 \times 0.7 \times 0.75 \times 2.7 \times 20 + \\
&\quad 3.14 \times 0.7 \times 0.72 \times (13.4 \times 12 + 11.3 \times 13) + \\
&\quad 3.14 \times 0.7 \times 0.75 \times (3.9 \times 36 + 3.6 \times 52 + 10.78 \times 50 + 0.5 \times 60) + \\
&\quad 3.14 \times 0.9 \times (25.2 + 361 \times \tan 14.7°) \times 3.92 + \\
&\quad 3.14 \times 0.9 \times (27.6 + \tan 17°) \times 3.08 \\
&= 2\ 054.00 + 1\ 328.31 + 1\ 200.89 = 4\ 583(\text{kN})
\end{aligned}
$$

5. 静载试验

6 根试桩的静载试验结果详见表 4-10 及图 4-8、图 4-9。其中，3 根抗压试桩达到承载力极限，试桩 S1 的抗压承载力极限值为 5 300 kN，试桩 S2 和 S3 的抗压承载力极限值为 5 250 kN，3 根试桩抗压承载力极限值相差不大、离散性小，说明注浆挤扩桩承载性能比较稳定。3 根抗拔试桩都未达到承载力极限，加载至 4 000 kN，试桩都未发生破坏，上拔量在 6.77～11.43 mm 之间，但是卸荷回弹率比较低，在 28.5%～32.4%之间，说明试桩已经接近承载力极限。

表 4-10 注浆挤扩钻孔灌注桩静载试验成果

桩号	桩径/mm	有效桩长/m	最大试验荷载/kN	最大沉降量/mm	卸荷后残余沉降量/mm	卸荷后回弹率/%	单桩竖向抗压承载力极限值/kN	承载力极限值对应沉降量/mm
S1	700	55	5 700	45.01	—	—	5 300	21.05
S2	700	55	6 000	49.24	—	—	5 250	12.37
S3	700	55	6 000	46.92	—	—	5 250	9.47
桩号	桩径/mm	有效桩长/m	最大试验荷载/kN	最大上拔量/mm	卸荷后残余上拔量/mm	卸荷后回弹率/%	单桩竖向抗拔承载力极限值/kN	承载力极限值对应上拔量/mm
S4	700	55	4 000	6.77	4.84	28.5	4 000	6.77
S5	700	55	4 000	11.43	7.91	30.8	4 000	11.43
S6	700	55	4 000	7.81	5.28	32.4	4 000	7.81

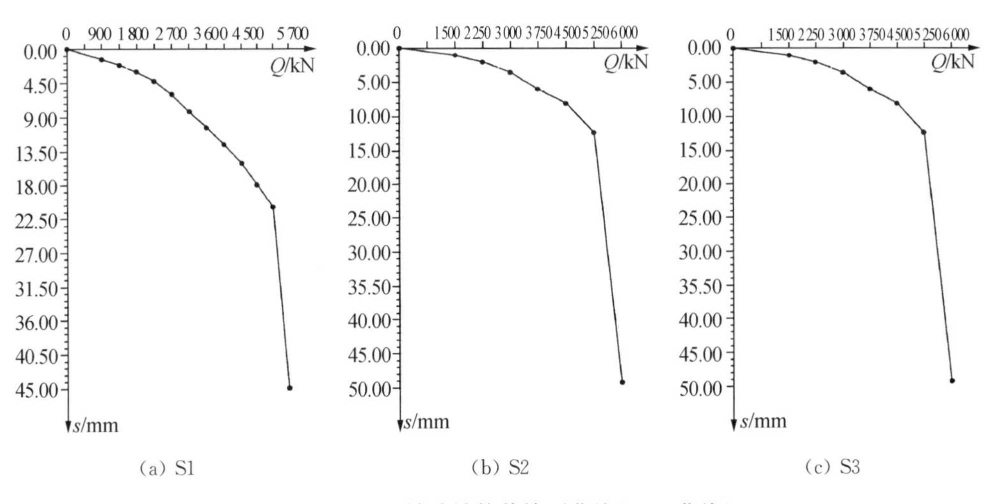

(a) S1　(b) S2　(c) S3

图 4-8 抗压桩试桩静载检测曲线（Q-s 曲线）

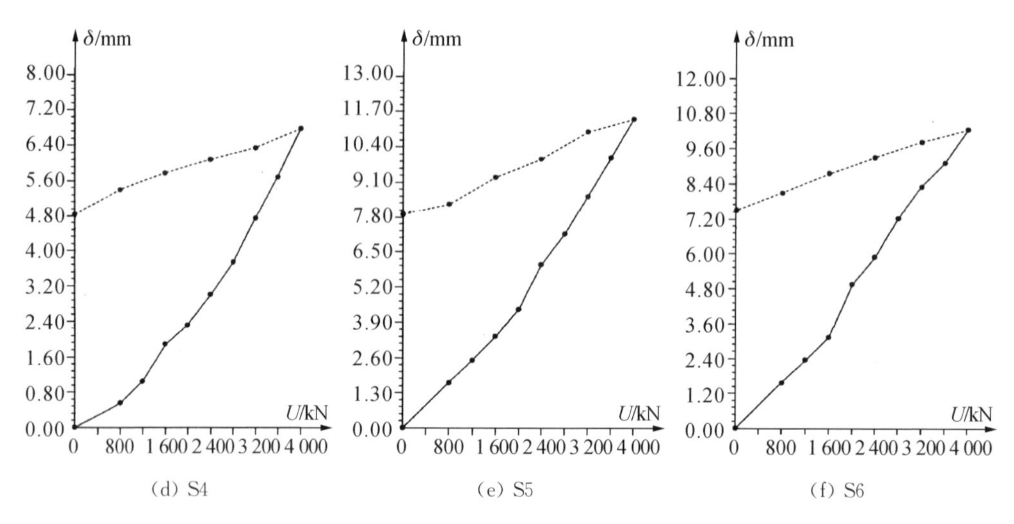

图 4-9 抗拔桩试桩静载检测曲线(U-δ 曲线)

6. 结果分析

对比计算结果与静载检测结果,可以发现两者差异比较小。试桩抗压承载力极限值计算结果与静载检测结果非常接近,都在 5 300 kN 左右。试桩抗拔承载力极限值计算结果大于静载检测结果,既有试桩静载未达到承载力极限状态的原因,也有计算误差的原因。

4.3.3 绍兴世茂云樾府

1. 工程概况

本工程[绍兴滨海〔2018〕J2(IV-E-6-13)地块]位于绍兴滨海新城海东路与新城大道交叉口西北角,建设用地面积 90 449.7 m^2,总建筑面积 280 000 m^2,由 17 栋 26 层、2 栋 27 层高层住宅、2 栋 2 层商业用房组成,设 1 层地下室。

2. 地质概况

根据浙江省地矿勘察院提供的"绍兴世茂滨海〔2018〕J2(IV-E-6-13)地块岩土工程勘察报告(详勘阶段)",在勘察深度范围内,按沉积年代、成因类型及物理力学性质的差异,场地内地层自上而下依次如下:

①素填土:杂色,松软～松散,主要以黏质粉土、粉质黏土为主,局部混少量砂砾、碎石,土质均匀性差。本层全场分布,层厚 0.30～1.20 m。

②$_1$粉质黏土:灰黄色,软塑状,局部软可塑状,中压缩性,具微层理,局部粉粒含量较高,相变为黏质粉土。摇振无反应～摇振反应迅速,切面稍有光泽,干强度

中等,韧性中等,土质均匀性一般。本层局部缺失,层厚 0.00～5.50 m。

②$_2$黏质粉土:灰色,稍密状,局部中密状,很湿,中等压缩性,具微层理,摇振反应中等～迅速,切面无光泽反应,干强度低,韧性低。该层局部砂粒含量较高,相变为砂质粉土。土质均匀性较差。本层局部缺失,层厚 0.00～6.10 m。

③淤泥质粉质黏土:灰色,流塑状,厚层状,局部含有机质,高压缩性,切面稍有光泽,摇振反应无,干强度及韧性中等。土质均匀性一般,上部土层黏性较高,为淤泥质黏土。本层全场分布,层厚 12.20～20.00 m。

④$_{1a}$砂质粉土:灰色～灰绿色,稍密状,中压缩性,含石英、云母等矿物,切面无光泽反应,摇振反应中等～迅速,干强度低,韧性低,土质均匀性一般。本层局部分布,层厚 0.00～8.40 m。

④$_{1b}$粉砂:灰色～灰绿色,稍密状,中～低压缩性,具微层理,砾石含量约 1%,砂类含量约 61%,粉黏粒含量约 38%,含石英、云母等矿物,土质均匀性较差。本层局部缺失,层厚 0.00～8.90 m。

④$_2$粉质黏土:灰黄色,软可塑状,局部软塑状、硬可塑状,中偏高压缩性,局部高压缩性,具微层理,含铁锰质氧化物斑点。无摇振反应,干强度中等,韧性中等,切面稍有光泽,土质均匀性一般。本层局部分布,层厚 0.00～11.30 m。

⑤$_1$粉质黏土:灰色,软塑状,局部软可塑状,局部显层理,高压缩性,局部中偏高压缩性,含少量有机质。无摇振反应,切面稍有光泽,干强度中等,韧性中等,土质均匀性一般。本层全场分布,层厚 3.40～20.10 m。

⑤$_2$粉质黏土:灰褐色、蓝灰色,软可塑状,局部硬可塑状,中压缩性,局部粉粒含量较高,局部含少量铁锰质锈斑。无摇振反应,切面稍有光泽,干强度中等,韧性中等,土质均匀性较差。本层局部缺失,层厚 0.00～9.60 m。

⑥$_1$粗砂:灰褐色、青灰色,稍密～中密状,主要成分为石英、长石等,砾石含量约 9%,砂含量约 61%,其余为粉黏粒充填,该层分选性一般,土质不甚均匀,局部相变为粉砂或砾砂。本层全场分布,层厚 3.60～14.60 m。

⑥$_2$砾砂:灰褐色,中密状,主要成分为石英等,主要以砂粒为主,砾石含量约 36%,砂含量约 40%,其余为粉黏粒充填,分选性一般,土质均匀性较差。该层砂粒含量不均,局部为粗砂或圆砾。本层局部分布,层厚 0.00～5.50 m。

⑦粉质黏土:灰色,硬可塑状,局部软可塑,中压缩性。无摇振反应,切面稍有光泽,干强度高,韧性中等,土质均匀性一般。本层局部分布,层厚 0.00～5.30 m。

⑧$_1$砾砂:灰褐色～灰色,中密状,主要成分为石英等,砾石含量约 33%,砂含量约 42%,层间由粉黏粒充填,土质均匀性较差,局部相变为中粗砂、砾砂。本层

全场分布，层厚 5.90～15.10 m。

⑧$_2$粉质黏土：灰绿～青灰色，硬可塑状，中压缩性。无摇振反应，稍有光泽，干强度及韧性中等。土质均匀性一般。本层局部分布，揭露层厚 0.00～5.10 m。

⑧$_3$圆砾：灰褐～灰色，中密状，局部密实状，分选性一般，砾石含量约 53.0%，粒径以 4～30 mm 为主，最大粒径在 40 mm 左右，胶结尚可，磨圆度较好，砾石主要成分以火山质岩石为主，以亚圆状为主，少量为次棱角状。砂粒含量约 26%，其余为粉黏粒充填。本层砾石含量不均，均匀性较差，局部为砾砂或中粗砂。本层全场分布，Z92 孔揭穿，揭露层厚 10.50 m。

⑩$_2$强风化凝灰岩：灰绿色，呈短柱、碎块状，敲击易折断、易碎裂，风化蚀变强烈，局部夹有中等风化岩块。本层仅 Z92 孔揭露，揭露层厚 0.90 m。

⑩$_3$中风化凝灰岩：青灰色，块状构造，岩芯多呈柱状、短柱状，柱长 10～30 cm，局部碎块状，块径以 3～7 cm 为主，裂隙发育，沿裂隙可见铁锰质矿物渲染。本层仅 Z92 孔揭露，未揭穿，揭露层厚 4.10 m。

上述各土层主要力学指标详见表 4-11。

表 4-11　各土层的主要物理力学参数

土层名称	天然密度/(kN·m^{-3})	标准贯入试验实测平均值 N	动力触探实测平均值 $N_{63.5}$	固结快剪		承载力特征值建议值 f_{ak}/kPa
				黏聚力 c/kPa	内摩擦角 φ/(°)	
①素填土	18.3	—	—	14.2	21.1	
②$_1$粉质黏土	18.4	4.6	—	14.4	21.2	90
②$_2$粉质黏土	18.5	6.1	—	9.7	27.0	110
③淤泥质粉质黏土	17.4	—	—	12.1	8.1	70
④$_{1a}$砂质粉土	18.6	12.0	—	7.3	28.7	140
④$_{1b}$粉砂	—	18.3	—	—	—	170
④$_2$粉质黏土	18.6	11.2	—	21.8	16.1	140
⑤$_1$粉质黏土	18.0	6.7	—	16.8	13.0	120
⑤$_2$粉质黏土	19.2	11.9	—	26.9	17.4	170
⑥$_1$粗砂	—	20.6	—	—	—	240

(续表)

土层名称	天然密度/(kN·m^{-3})	标准贯入试验实测平均值 N	动力触探实测平均值 $N_{63.5}$	固结快剪		承载力特征值建议值 f_{ak}/kPa
				黏聚力 c_q/kPa	内摩擦角 φ_q/(°)	
⑥$_2$砾砂			23.8	—	—	260
⑦粉质黏土	19.4	15.1	—	29.1	18.2	190
⑧$_1$砾砂	—	—	19.6	—	—	280
⑧$_2$粉质黏土	19.3	17.9	—	30.2	18.4	200
⑧$_3$圆砾	—	—	29.4	0	45	360

根据国家《建筑地基基础设计规范》(GB 50007—2011)、行业《建筑桩基技术规范》(JGJ 94—2008)、浙江省《建筑地基基础设计规范》(DB 33/T 1136—2017),结合场地地层特征及地区经验,综合分析确定本场地各层地基土桩侧阻力特征值 q_{sa} 及桩端阻力特征值 q_{pa} 建议值,详见表 4-12。

表 4-12 桩基础力学参数建议值

土层名称	岩土状态	桩侧阻力特征值 q_{sa}/kPa	桩端阻力特征值 q_{pa}/kPa	抗拔系数 λ
①素填土	松软~松散	—	—	—
②$_1$粉质黏土	软塑	11	—	0.7
②$_2$粉质黏土	稍密	13	—	0.7
③淤泥质粉质黏土	流塑	6	—	0.8
④$_{1a}$砂质粉土	稍密	18	—	0.6
④$_{1b}$粉砂	稍密	23	700	0.6
④$_2$粉质黏土	软可塑	18	—	0.8
⑤$_1$粉质黏土	软塑	16	—	0.8
⑤$_2$粉质黏土	软可塑	24	—	0.8
⑥$_1$粗砂	稍密~中密	32	900	0.6
⑥$_2$砾砂	中密	34	1 200	0.6
⑦粉质黏土	硬可塑	27	600	0.8
⑧$_1$砾砂	中密	36	1 300	0.6
⑧$_2$粉质黏土	硬可塑	29	650	0.8
⑧$_3$圆砾	中密	45	1 500	0.65

3. 挤扩桩设计

为了解注浆挤扩钻孔灌注桩的抗压承载力，采用 3 根设计试桩，试桩加载值为 10 000 kN。设计试桩桩型为注浆挤扩钻孔灌注桩，桩径为 700 mm，有效桩长为 50～56 m，桩端持力层为⑧$_1$砾砂，进入持力层不少于 1.05 m。注浆挤扩段主要处于⑥$_1$粗砂、⑦粉质黏土和⑧$_1$砾砂中，长度为 7.0 m，外径为 900 mm，如图 4-10 所示。

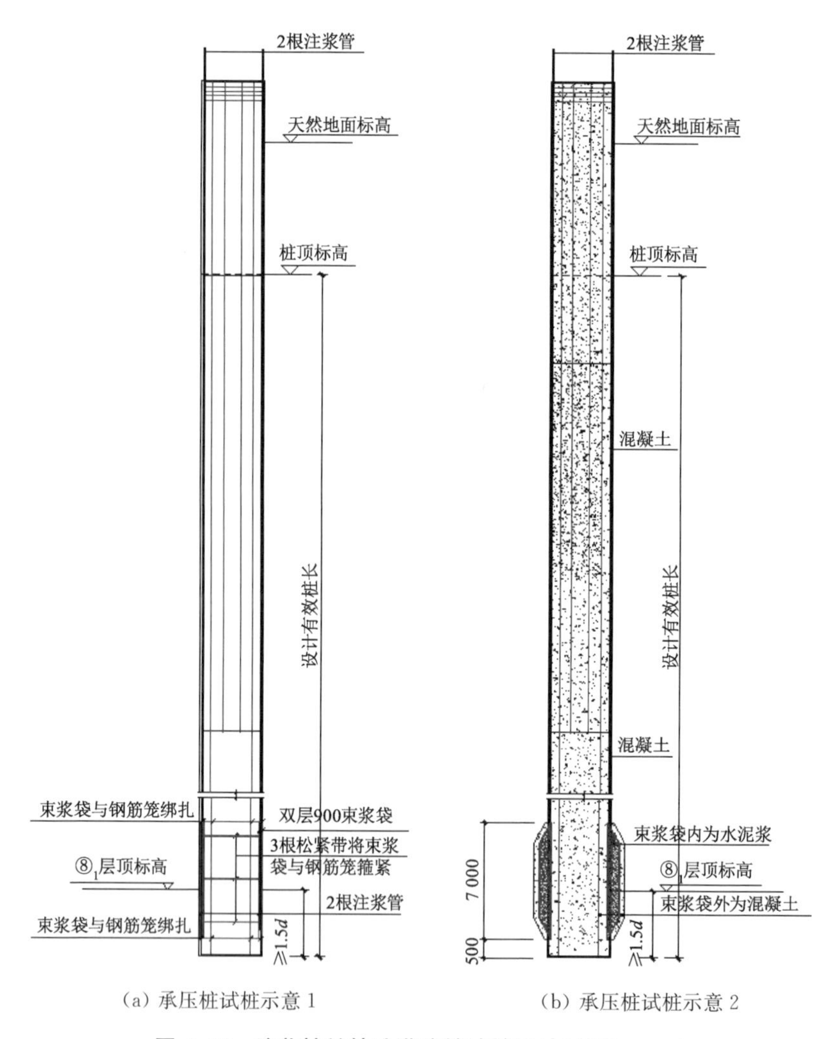

(a) 承压桩试桩示意 1　　(b) 承压桩试桩示意 2

图 4-10　注浆挤扩钻孔灌注桩试桩设计(单位：mm)

4. 抗压承载力计算

试桩 2 附近(勘察孔 Z109)场地土层情况详见表 4-13，桩基总桩长 57.1 m，进入⑧$_1$砾砂持力层 2.1 m，注浆挤扩段主要处于⑥$_1$粗砂(3.4 m)、⑦粉质黏土(2.0 m)和⑧$_1$砾砂(1.6 m)中，场地地下水最小埋深为 0.5 m，⑥$_1$粗砂内摩擦角 φ 取 33°，静止土压力系数取 0.35。桩基采用泥浆护壁工艺施工，桩基施工工艺系数 α 取 0。采用式(2-12)可以计算得到注浆挤扩平均临界压力为 970 kPa(挤扩段顶)，孔隙水压力为 491 kPa(挤扩段顶)，挤扩段桩周水平有效应力 $\sigma'_h=488$ kPa。将试桩相关参数代入式(4-1)，可以计算得到试桩的抗压极限承载力标准值：

$$
\begin{aligned}
Q_{uk} &= Q_{s1k}+Q_{s2k}+Q_{pk}=\pi d\sum q_{sik}l_i+\pi D\sum q_{sjk}l_{j}+\alpha P_{sk}A_p \\
&= 3.14\times0.7\times(1.3\times22+1.7\times26+18.4\times12+4.7\times36+ \\
&\quad 13.4\times32+1.9\times48+7.7\times64+0.5\times72)+ \\
&\quad 3.14\times0.9\times488\times(3.4\times\tan33^\circ+2.0\times\tan18.2^\circ+1.6\times\tan35^\circ)+ \\
&\quad 0\times1\,300\times3.14\times0.7^2/4 \\
&= 3\,330.40+5\,497.50+0=8\,828(\text{kN})
\end{aligned}
$$

表 4-13 试桩土层情况

土层名称	土层厚度/m	天然密度/(kN·m^{-3})	标准贯入试验实测平均值 N	动力触探实测平均值 $N_{63.5}$	固结快剪		桩侧阻力特征值 q_{sa}/kPa	桩端阻力特征值 q_{pa}/kPa
					黏聚力 c/kPa	内摩擦角 φ/(°)		
①素填土	0.5	18.3	—	—	14.2	21.1	—	—
②$_1$粉质黏土	1.3	18.4	4.6	—	14.4	21.2	11	—
②$_2$粉质黏土	1.7	18.5	6.1	—	9.7	27.0	13	—
③淤泥质粉质黏土	18.4	17.4	—	—	12.1	8.1	6	—
④$_{1a}$砂质粉土	4.7	18.6	12.0	—	7.3	28.7	18	—
⑤$_1$粉质黏土	13.4	18.0	6.7	—	16.8	13.0	16	—
⑤$_2$粉质黏土	1.9	19.2	11.9	—	26.9	17.4	24	—
⑥$_1$粗砂	11.1	19.3	20.6	—	0	33	32	900
⑦粉质黏土	2.0	19.4	15.1	—	29.1	18.2	27	600
⑧$_1$砾砂	2.1	19.3	—	19.6	0	35	36	1 300

注：⑥$_1$粗砂和⑧$_1$砾砂部分物理力学参数按照工程经验取值。

5. 静载试验

3 根试桩的静载试验结果详见表 4-14 和图 4-11。3 根试桩都达到了承载力极限，其中，试桩 1 和试桩 2 先采用 800 kN 荷载分级加载至 8 000 kN 后，然后采用 400 kN 荷载分级加载至 9 600 kN，试桩破坏，抗压承载力极限值为 9 200 kN；试桩 3 一直采用 800 kN 荷载分级加载至 9 600 kN，试桩破坏，抗压承载力极限值为8 800 kN。因此，3 根试桩抗压承载力极限值差异不大，都在 9 200 kN 左右。

表 4-14 注浆挤扩钻孔灌注桩抗压静载试验成果

桩号	桩径/mm	有效桩长/m	最大试验荷载/kN	最大沉降量/mm	单桩竖向抗压承载力极限值/kN	承载力极限值对应沉降量/mm
试桩 1	700	56.00	9 600	＞80	9 200	32.73
试桩 2	700	57.10	9 600	＞80	9 200	35.86
试桩 3	700	57.35	9 600	＞80	8 800	32.80

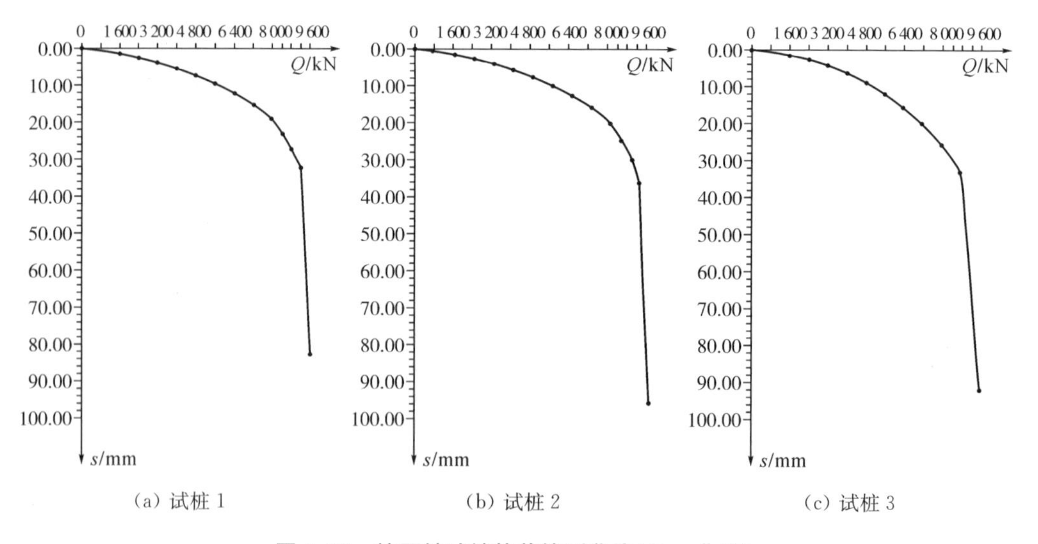

(a) 试桩 1　(b) 试桩 2　(c) 试桩 3

图 4-11 抗压桩试桩静载检测曲线(Q-s 曲线)

6. 结果分析

3 根试桩静载检测结果与计算结果相当接近，桩基抗压承载力极限值都在 8 800～9 200 kN 之间，说明计算方法比较符合该场地桩基承载机理。

4.3.4 常熟世茂世纪中心

1. 工程概况

常熟世茂世纪中心 4 幢(常熟世茂世纪中心 3# 地块 D 楼)主要由 4 层商业及 2 层地下室组成,总建筑面积约 84 000 m^2。场地 ±0.00 暂定为 3.40 m,室外地坪标高暂定为 3.25 m,抗浮水位为 2.75 m,地下室底板底标高为 −6.50 m 左右,地下室抗浮要求高。

2. 地质概况

根据江苏博森建筑设计有限公司提供的"常熟世茂 D 地块商业岩土工程勘察报告",拟建场地 40.5 m 深度范围内地层为第四系全新统、更新统沉积物,主要由黏性土、粉土及粉砂等组成,按沉积年代、成因类型及物理力学性质的差异,可划分成 9 个主要土层,其特征描述如下:

①杂填土:杂色,表层局部有水泥地坪,含大量建筑垃圾,结构松散,暗河部位有淤泥分布。该层土工程性质差,未经处理不可直接作为基础持力层。

$②_1$黏土:灰黄色,可塑~硬塑,有光泽,无摇振反应,含铁锰质氧化物,干强度高,韧性高,中压缩性。工程性质好,场区普遍分布。

$②_2$粉质黏土:灰黄色,可塑~软塑,稍有光泽,无摇振反应,干强度中等,韧性中等,中压缩性。工程性质一般,场区普遍分布。

③粉土:灰黄色,稍密~中密,无光泽,摇振反应迅速,干强度低,韧性低,中压缩性。工程性质较好,场区普遍分布。

④粉质黏土夹粉土:灰黄~灰色,软塑~可塑,夹粉土薄层,摇振反应不明显,干强度中等,韧性较低,中压缩性。工程性质一般,场区普遍分布。

⑤黏土:灰~青灰色,可塑~硬塑,有光泽,无摇振反应,干强度高,韧性高,中压缩性。工程性质较好,场区普遍分布。

⑥粉土:灰黄色,中密为主,局部均匀性一般,夹薄层状黏性土,含云母碎屑,摇振反应迅速,干强度低,韧性低,中压缩性。工程性质较好,场区普遍分布。

⑦粉质黏土:灰黄色,可塑为主,稍有光泽,无摇振反应,干强度中等,韧性中等,中压缩性。工程性质较好,场区普遍分布。

⑧粉土夹粉砂:灰黄色,饱和,密实,含云母碎屑,偶见黏性土夹层,干强度低,韧性低,中压缩性。工程性质好,该层未穿透。

各土层厚度、埋深及层底标高统计见表 4-15。

表 4-15　场地地层厚度、埋深及层底标高

土层名称	土层厚度/m	平均厚度/m	层底标高/m	平均层底标高/m	最小埋深/m	平均埋深/m
①杂填土	1.00～4.30	2.24	−1.10～2.26	0.67	1.00～4.30	2.24
$②_1$黏土	3.20～6.60	5.33	−5.13～−3.62	−4.51	6.70～8.10	7.42
$②_2$粉质黏土	0.90～2.20	1.58	−6.77～−5.12	−6.10	8.00～9.80	9.00
③粉土	0.50～2.10	1.19	−8.00～−6.60	−7.29	9.20～11.10	10.19
④粉质黏土夹粉土	9.90～11.80	10.83	−18.85～−17.28	−18.12	19.90～21.90	21.02
⑤黏土	5.70～8.60	7.25	−26.34～−24.18	−25.37	26.70～29.60	28.28
⑥粉土	6.20～7.80	7.07	−32.93～−31.56	−32.34	34.50～36.00	35.22
⑦粉质黏土	1.10～3.30	2.29	−35.49～−33.50	−34.73	36.50～38.30	37.64

各土层的主要物理力学参数详见表 4-16。

表 4-16　各土层的主要物理力学参数

土层名称	天然密度/($kN \cdot m^{-3}$)	标准贯入试验修正标准值 N	固结快剪		承载力特征值建议值 f_{ak}/kPa
			黏聚力 c/kPa	内摩擦角 φ/(°)	
①杂填土	19.50	—	—	—	—
$②_1$黏土	19.48	—	52.6	14.0	180
$②_2$粉质黏土	18.49	—	25.5	13.7	140
③粉土	18.71	11.5	4.6	23.0	160
④粉质黏土夹粉土	18.33	—	23.2	13.4	140
⑤黏土	19.71	—	58.9	14.8	190
⑥粉土	18.92	15.8	8.2	22.2	180

（续表）

土层名称	天然密度/$(kN \cdot m^{-3})$	标准贯入试验修正标准值 N	固结快剪		承载力特征值建议值 f_{ak}/kPa
			黏聚力 c_i/kPa	内摩擦角 φ_i/(°)	
⑦粉质黏土	19.11	—	33.6	16.2	170
⑧粉土夹粉砂	19.39	—	5.3	24.1	200

注：黏聚力及内摩擦角是参考土工试验结果并根据相似工程经验提出。

根据本次勘察结果、土工试验结果和原位测试结果，依据《建筑桩基技术规范》(JGJ 94—2008)和《高层建筑岩土工程勘察标准》(JGJ/T 72—2017)，并结合地区经验，对于旋挖和钻孔灌注桩，各岩土层桩基础力学参数建议值如表 4-17 所示。

表 4-17 桩基础力学参数建议值

土层名称	岩土状态	桩侧阻力特征值 q_{sa}/kPa	桩端阻力特征值 q_{pa}/kPa	抗拔系数 λ
②$_1$黏土	可塑～硬塑	67	—	0.80
②$_2$粉质黏土	可塑～软塑	42	—	0.80
③粉土	稍密～中密	52	—	0.70
④粉质黏土夹粉土	软塑～可塑	40	—	0.75
⑤黏土	可塑～硬塑	62	—	0.80
⑥粉土	中密	67	—	0.70

3. 挤扩桩设计

为检验注浆挤扩钻孔灌注桩作为地下室抗拔桩的可行性，采用 3 根设计试桩，试桩加载值为 3 800 kN。设计试桩桩型为注浆挤扩钻孔灌注桩，桩径为 650 mm，有效桩长为 15 m，试桩桩长 24 m，桩端持力层处于⑤黏土中。注浆挤扩段主要处于④粉质黏土夹粉土和⑤黏土中，长度为 7.0 m，外径为 0.85 m，如图 4-13 所示。

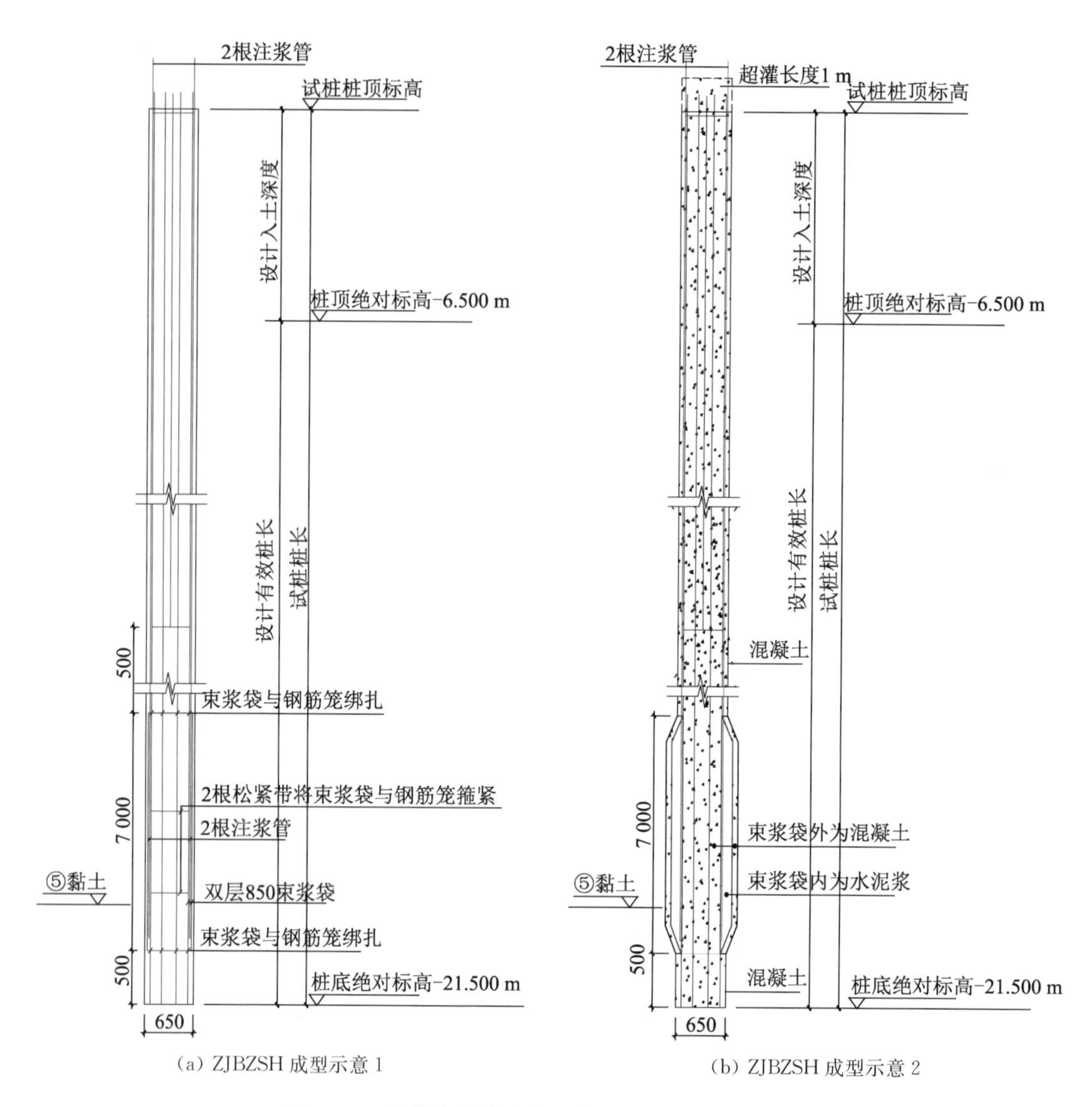

(a) ZJBZSH 成型示意 1　　(b) ZJBZSH 成型示意 2

图 4-12　注浆挤扩钻孔灌注桩试桩设计(单位：mm)

4. 抗拔承载力计算

试桩 ZJBZSH1 附近(勘察孔 J17)场地地层分布详见表 4-18，桩基总桩长 24.12 m，进入⑤黏土持力层 4.22 m，注浆挤扩段主要处于④粉质黏土夹粉土(3.28 m)和⑤黏土(3.72 m)中，场地地下水最小埋深为 1.0 m，④粉质黏土夹粉土静止土压力系数取 0.50。采用式(2-12)可以计算得到注浆挤扩平均临界压力为 305 kPa(挤扩段顶)，孔隙水压力为 156 kPa(挤扩段顶)，挤扩段桩周水平有效应力

$\sigma'_h = 149$ kPa。将试桩相关参数代入式(4-3),可以计算得到试桩 ZJSZ1 的抗拔极限承载力标准值:

$$
\begin{aligned}
T_{uk} &= T_{u1k} + T_{u2k} = \pi d \sum \lambda_i q_{sik} l_i + \pi D \sum q_{sik} l_i \\
&= 3.14 \times 0.65 \times (0.8 \times 5.8 \times 134 + 0.8 \times 1.6 \times 84 + 0.7 \times 1.2 \times 104 + \\
&\quad 0.75 \times 6.72 \times 80 + 0.8 \times 0.5 \times 132) + \\
&\quad 3.14 \times 0.85 \times [(23.2 + 149 \times \tan 13.4°) \times 3.28 + \\
&\quad (58.9 + 149 \times \tan 14.8°) \times 3.72] \\
&= 2\,597.46 + 1\,489.52 = 4\,087(\text{kN})
\end{aligned}
$$

表 4-18　试桩 ZJBZSH1 土层情况

土层名称	土层厚度/m	天然密度/(kN·m^{-3})	标准贯入试验修正标准值 N	固结快剪		桩侧阻力特征值 q_{sa}/kPa	抗拔系数 λ
				黏聚力 c/kPa	内摩擦角 φ/(°)		
①杂填土	1.3	18.50	—	—	—	—	—
②$_1$黏土	5.8	19.48	—	52.6	14.0	67	0.80
②$_2$粉质黏土	1.6	18.49	—	25.5	13.7	42	0.80
③粉土	1.2	18.71	11.5	4.6	23.0	52	0.70
④粉质黏土夹粉土	10	18.33	—	23.2	13.4	40	0.75
⑤黏土	4.22	19.71	—	58.9	14.8	62	0.80

5. 静载试验

3 根试桩的静载试验结果详见表 4-19 和图 4-13[图 4-13(c)因钢筋拉断,故缺少卸载曲线]。3 根试桩都没有达到地基承载力极限,其中,试桩 ZJBZSH1 和 ZJBZSH2 加载至 3 800 kN 仍然没有发生破坏,上拔量也比较小,分别只有 8.07 mm 和 8.56 mm,卸荷回弹率较高,分别达到 64.68%和 54.79%,说明桩基仍然处于弹性变形阶段,该试桩存在较大的承载潜力。试桩 ZJBZSH3 加载至 4 180 kN,因为钢筋出现断裂而终止加载,桩基上拔量非常小,对应加载值 3 800 kN,桩基上拔量只有 7.6 mm,说明桩基存在较大的承载潜力。

表 4-19　注浆挤扩钻孔灌注桩抗拔静载试验成果

桩号	桩径/mm	有效桩长/m	最大试验荷载/kPN	最大上拔量/mm	卸荷后残余上拔量/mm	卸荷后回弹率/%	单桩竖向抗拔承载力检测值/kN	单桩竖向抗拔承载力极限值/kPN
ZJBZSH1	650	24.12	3 800	8.07	2.85	64.68	3 800	3 800
ZJBZSH2	650	24	3 800	8.56	3.87	54.79	3 800	3 800
ZJBZSH3	650	24.26	4 180	7.6	—	—	4 180	3 800

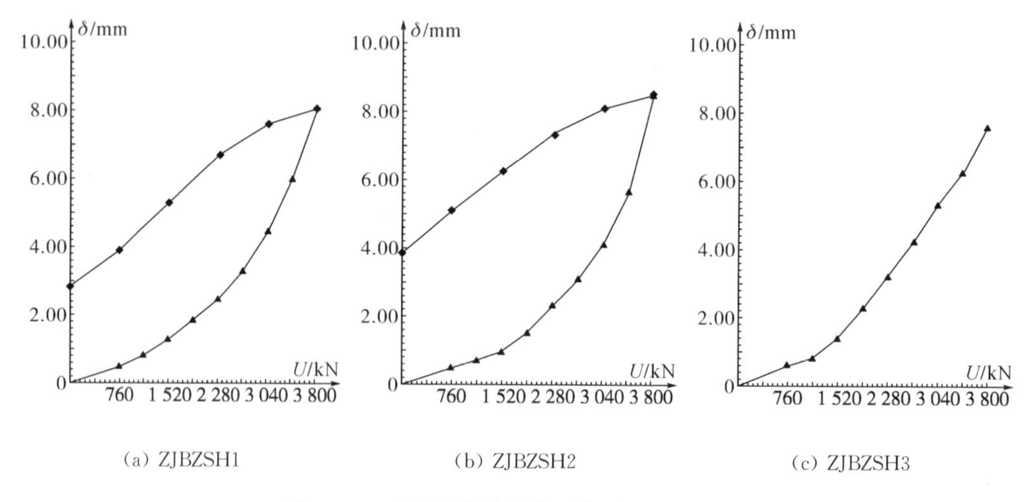

图 4-13　试桩抗拔静载检测曲线(U-δ 曲线)

6. 结果分析

本项目 3 根试桩静载检测都未出现地基承载力极限状态，因此难以对比桩基抗拔承载力极限值计算结果与静载检测结果，但是分析计算结果和静载检测结果可以发现，两者总体上是相近的，试桩实际抗拔承载力极限值远超 3 800 kN。

4.3.5　宁波世茂璀璨万境

1. 工程概况

拟建的鄞州区 JD13-06-20(火车东站—潘火地段)地块位于宁波市鄞州区凤起北路与潘火路交叉口西南侧。本工程分为 a、b 两个地块，其中，a 地块为商业区，

b 地块为住宅区。拟建的建(构)筑物主要为 14 栋高层住宅楼(20～27 层)、一栋 3 层幼儿园,1 栋 7 层商业建筑,一栋 2 层的售楼处、1～2 层地下室、专变、水泵房等其他配套设施用房。本工程规划用地面积为 72 883 m^2,规划总建筑面积为 327 482 m^2。地下室为地下 1～2 层,开挖深度为 5.0～11.05 m,基础埋深为 6.0～13.0 m,场地室外整平标高约为 3.6 m(1985 国家高程基准,下同)。场地±0.00 暂定为 3.40 m,室外地坪标高暂定为 3.25 m,抗浮水位为 2.75 m,地下室底板底标高为−6.50 m 左右,地下室抗浮要求高。

2. 地质概况

根据宁波华东核工业工程勘察院提供的"鄞州区 JD13-06-20(火车东站—潘火地段)地块岩土工程勘察报告(详细勘察)",拟建场地 80.60 m 深度范围内地层划分为 9 个工程地质单元层,其特征描述如下:

① 层杂填土(Q_4^{ml}):全场分布。杂色,松散。主要由块石、碎石、建筑垃圾及黏性土近期堆填而成,最大粒径约为 60 cm,土质不均匀。层厚 3.80～0.50 m,层顶高程 4.32～1.57 m。

② 层黏土(Q_4^{al}):全场分布。灰黄色,可塑,局部软塑。往下渐变软,含少量的铁锰质氧化物结核,土质不均匀。干强度高,高韧性,无摇振反应,具高压缩性,切面光滑。层厚 2.10～0.30 m,层顶高程 1.94～0.25 m。

③$_1$层淤泥质黏土(Q_4^{m}):全场分布。灰色,流塑,饱和。局部为淤泥,含少量的腐殖质和贝壳碎屑,局部夹薄层状粉细砂,有腥臭味,土质不均匀。干强度高,高韧性,无摇振反应,具高压缩性,切面光滑。层厚 10.60～7.70 m,层顶高程 1.42～−0.83 m。

③$_2$层淤泥质粉质黏土(Q_4^{m}):全场分布。灰色,流塑,饱和。局部为淤泥,含少量的腐殖质和贝壳碎屑,局部粉细砂含量较高,有腥臭味,土质不均匀。干强度中等,中等韧性,无摇振反应,具高压缩性,切面稍有光泽。层厚 12.40～8.90 m,层顶高程−7.61～−9.96 m。

④$_1$层黏土(Q_3^{al}):部分孔分布。灰色,软塑。含少量的腐殖质,局部含少量的细砂,土质不均匀。干强度高,高韧性,无摇振反应,具高压缩性,切面光滑。层厚 10.60～1.20 m,层顶高程−17.34～−20.59 m。

④$_2$层粉质黏土(Q_3^{al}):全场分布。灰黄色,可塑,局部软塑。含少量的铁锰质氧化物结核,局部粉粒含量较高,局部夹薄层状粉细砂,土质不均匀。干强度中等,中等韧性,无摇振反应,具中等压缩性,切面稍有光泽。层厚 14.40～2.60 m,层顶高程−17.72～−29.73 m。

⑤$_1$层粉质黏土(Q_3^{al})：全场分布。灰色，软塑，局部可塑。局部粉粒含量较高，局部夹薄层状粉细砂，土质不均匀。干强度中等，中等韧性，无摇振反应，具中等压缩性，切面稍有光泽。层厚 16.00～9.10 m，层顶高程－27.46～－33.85 m。

⑤$_2$层粉质黏土(Q_3^{al})：全场分布。灰色，软塑，局部可塑。局部粉粒含量较高，局部夹薄层状粉细砂，土质不均匀。干强度中等，中等韧性，无摇振反应，具中等压缩性，切面稍有光泽。层厚 14.60～9.80 m，层顶高程－42.05～－45.32 m。

⑥$_1$层砾砂(Q_3^{al+pl})：全场分布。浅灰色，密实。局部为圆砾，主要矿物成分为石英、长石等，最大砾径约为 50 mm，组成中砾径大于 2 mm 的占 45%左右，粉黏粒占 25%左右，其余的为砂粒。分选性一般，级配不良，土质不均匀。重型动力触探试验修正后击数为 20.2～23.4 击，平均值为 21.5 击。层厚 5.70～1.40 m，层顶高程－53.92～－58.37 m。

⑥$_2$层粉质黏土(Q_3^{al})：部分孔分布。浅灰、灰白色，可塑。局部粉粒含量较高，局部含少量中砂，土质不均匀。干强度中等，中等韧性，无摇振反应，具中等压缩性，切面稍有光泽。层厚 5.70～0.60 m，层顶高程－56.95～－60.88 m。

⑦$_1$层中砂(Q_3^{al+pl})：部分孔分布。浅灰色，密实。局部相变为粗砂，主要矿物成分石英、长石等，组成中粉黏粒占 30%左右，其余的为砂粒和砾石。分选性一般，摇振反应中等，级配不良，土质不均匀。标准贯入试验实测击数为 32～38 击，平均值为 35 击。层厚 6.60～0.60 m，层顶高程－59.36～－64.40 m。

⑦$_2$层粉质黏土(Q_3^{al})：全场分布。蓝灰、灰绿色，可塑。局部粉粒含量较高，局部含少量粉细砂，土质不均匀。干强度中等，中等韧性，无摇振反应，具中等压缩性，切面稍有光泽。层厚 14.70～2.20 m，层顶高程－57.33～－66.96 m。

⑧层砾砂(Q_3^{al+pl})：全场分布。浅灰色，密实。局部相变为角砾，主要矿物成分为石英、长石等，最大砾径约为 50 mm，组成中砾径大于 2 mm 的占 35%左右，粉黏粒占 25%左右，其余的为砂粒。分选性一般，级配不良，土质不均匀。重型动力触探试验修正后击数为 20.2～24.1 击，平均值为 22.6 击。层厚 7.40～1.20 m，层顶高程－65.50～－72.46 m。

⑨层黏土(Q_3^{al})：部分孔揭露。灰绿、灰黄色，可塑。局部粉粒含量较高，土质不均匀。干强度高，高韧性，无摇振反应，具中等压缩性，切面光滑。层顶高程－71.48～－75.08 m。该层未揭穿，最大揭露深度为 7.00 m。

各土层的主要物理力学参数详见表 4-20。

表 4-20 各土层的主要物理力学参数

土层名称	天然密度 /(kN·m^{-3})	标准贯入试验修正标准值 N	重型动力触探实测击数 $N_{63.5}$	固结快剪		承载力特征值建议值 f_{ak}/kPa
				黏聚力 c_q/kPa	内摩擦角 φ_q/(°)	
①杂填土	—	—	—	—	—	—
②黏土	18.09	—	—	24.9	14.7	80
③$_1$淤泥质黏土	17.06	—	—	11.5	9.6	55
③$_2$淤泥质粉质黏土	17.42	—	—	13	11.9	60
④$_1$黏土	17.47	—	—	19.3	10.8	100
④$_2$粉质黏土	18.69	—	—	28.1	15.4	140
⑤$_1$粉质黏土	18.07	—	—	22.1	14	110
⑤$_2$粉质黏土	18.12	—	—	23.6	14.5	120
⑥$_1$砾砂	—	—	21.5	—	—	220
⑥$_2$粉质黏土	19.07	—	—	31.8	16.5	160
⑦$_1$中砂	—	35	—	—	—	230
⑦$_2$粉质黏土	18.83	—	—	30.2	16.1	170
⑧砾砂	—	—	22.6	—	—	250
⑨黏土	17.32	—	—	32.8	14.8	180

注：黏聚力及内摩擦角是参考土工试验结果并根据相似工程经验提出。

根据本次勘察结果、土工试验结果和原位测试结果，根据《建筑桩基技术规范》(JGJ 94—2008)和《高层建筑岩土工程勘察标准》(JGJ/T 72—2017)，并结合地区经验，对于钻孔灌注桩，各岩土层桩基础力学参数建议值如表 4-21 所示。

表 4-21　桩基础力学参数建议值

土层名称	岩土状态	桩侧阻力特征值 q_{sa}/kPa	桩端阻力特征值 q_{pa}/kPa	抗拔系数 λ
①杂填土	松散	—	—	—
②黏土	可塑	11	—	0.7
③$_1$淤泥质黏土	流塑	5	—	0.7
③$_2$淤泥质粉质黏土	流塑	6	—	0.7
④$_1$黏土	软塑	14	—	0.7
④$_2$粉质黏土	可塑	24	500	0.7
⑤$_1$粉质黏土	软塑	18	350	0.7
⑤$_2$粉质黏土	软塑	22	450	0.7
⑥$_1$砾砂	密实	38	1 600	0.5
⑥$_2$粉质黏土	可塑	31	750	0.7
⑦$_1$中砂	密实	41	1 700	0.5
⑦$_2$粉质黏土	可塑	35	800	0.7
⑧砾砂	密实	44	2 000	0.5
⑨黏土	可塑	36	850	0.7

3. 挤扩桩设计

为了充分发挥桩端承载力，本次试桩采用桩侧挤扩与桩端注浆相结合的工艺，共采用 3 根设计试桩，试桩加载值为 6 500 kN。设计试桩桩型为注浆挤扩＋桩端后注浆钻孔灌注桩，桩径为 650 mm，试桩桩长为 58～61 m，桩端持力层为⑥$_1$砾砂。注浆挤扩段主要处于⑤$_2$粉质黏土中，长度为 4.0 m，外径为 0.85 m，如图 4-14 所示。

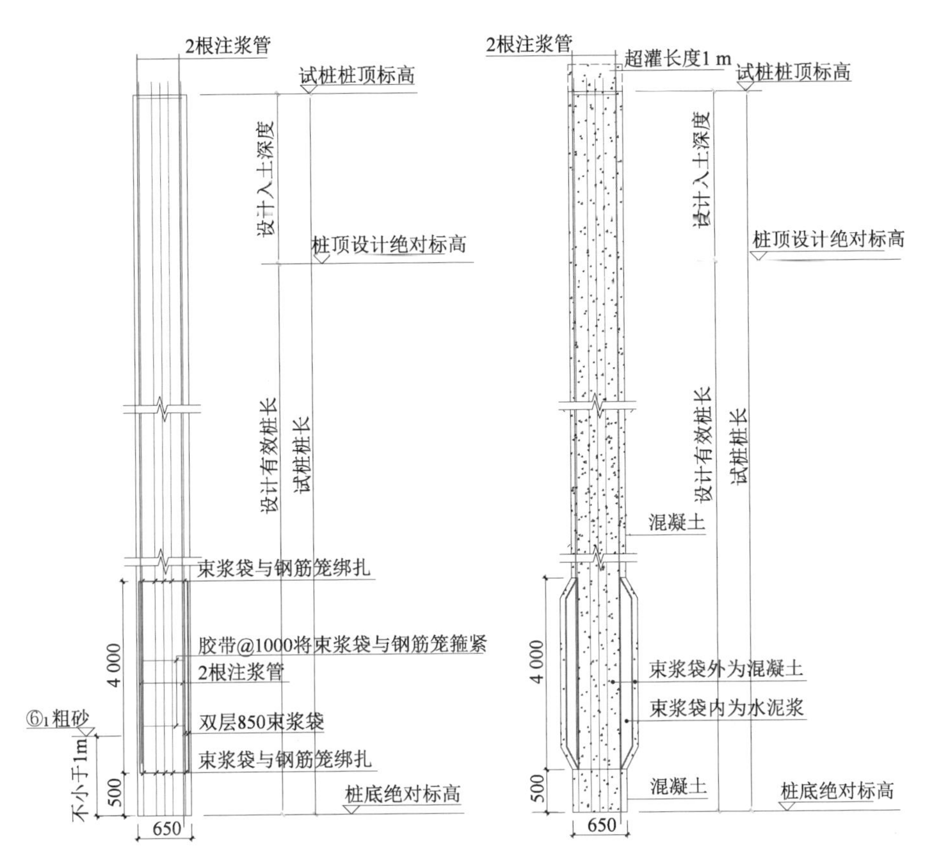

图 4-14　注浆挤扩钻孔灌注桩试桩设计(单位：mm)

4. 抗压承载力计算

试桩 S6 附近(勘察孔 Z19)场地地层分布详见表 4-22，试桩总桩长 61.0 m，进入⑥$_1$砾砂持力层 3.6 m，注浆挤扩段主要处于⑤$_2$粉质黏土(0.9 m)和⑥$_1$砾砂(3.1 m)中，场地地下水最小埋深为 1.0 m，⑤$_2$粉质黏土静止土压力系数取 0.50。桩基采用泥浆护壁工艺施工，桩端后注浆，桩基施工工艺系数 α 取 3.0。采用式(2-12)可以计算得到注浆挤扩平均临界压力为 1 003 kPa(挤扩段顶)，孔隙水压力为 555 kPa(挤扩段顶)，挤扩段桩周水平有效应力 $\sigma'_{\mathrm{h}}=448$ kPa。将试桩相关参数代入式(4-1)，可以计算得到试桩的抗压极限承载力标准值：

$$
\begin{aligned}
Q_{\mathrm{uk}} &= Q_{\mathrm{s1k}} + Q_{\mathrm{s2k}} + Q_{\mathrm{pk}} = \pi d \sum q_{\mathrm{sik}} l_i + \pi D \sum q_{\mathrm{sjk}} l_{j+} \alpha P_{\mathrm{sk}} A\mathrm{p} \\
&= 3.14 \times 0.65 \times (1.2 \times 10 + 1.7 \times 222 + 8.7 \times 10 + 12.1 \times 12 + 11.5 \times 48 + \\
&\quad 10.9 \times 36 + 10.4 \times 44 + 0.5 \times 76) +
\end{aligned}
$$

$3.14\times0.85\times448\times[3.1\times\tan30^{\circ}+(\tan14.5^{\circ}+23.6)\times0.9]+$
$3\times3\ 200\times3.14\times0.65^{2}/4$
$=3\ 514+2\ 476+3\ 184=9\ 173(\mathrm{kN})$

表 4-22 试桩 S6 土层情况

土层名称	土层厚度/m	天然密度/(kN·m^{-3})	重型动力触探实测击数 $N_{63.5}$	固结快剪		桩侧阻力特征值 q_{sa}/kPa	桩端阻力特征值 q_{pa}/kPa
				黏聚力 c/kPa	内摩擦角 φ/(°)		
①杂填土	1.2	—	—	—	—	—	—
②黏土	1.7	18.09	—	24.9	14.7	11	—
③$_1$淤泥质黏土	8.7	17.06	—	11.5	9.6	5	—
③$_2$淤泥质粉质黏土	12.1	17.42	—	13	11.9	6	—
④$_2$粉质黏土	11.5	18.69	—	28.1	15.4	24	500
⑤$_1$粉质黏土	10.9	18.07	—	22.1	14	18	350
⑤$_2$粉质黏土	11.3	18.12	—	23.6	14.5	22	450
⑥$_1$砾砂	3.6	19.5	21.5	0	30	38	1600

5. 静载试验

3 根试桩的静载试验结果详见表 4-23 和图 4-15[图 4-15(c)因试桩破坏，故缺少卸载曲线]。其中，S6(挤)加载至7 800 kN 时桩顶沉降为 38.13 mm，加载至8 450 kN 时发生破坏；S7(挤)加载6 825 kN时，桩身护筒出现开裂，终止加载；S9(挤)加载至 84 503 kN 时，桩基仍然没有发生破坏，只是桩顶沉降比较大，达到41.89 mm，但是沉降稳定、无突变，仍然有承载潜力。

表 4-23 注浆挤扩钻孔灌注桩静载试验成果

桩号	桩径 mm	有效桩长/m	最大试验荷载/kN	最大沉降量/mm	单桩竖向抗压承载力极限值/kN	回弹率/%
S6(挤)	650	61.00	6 500	71.88	7 800	破坏
S7(挤)	650	60.00	6 500	18.44	6 825	73.3
S9(挤)	650	60.00	6 500	41.89	8 450	未测量

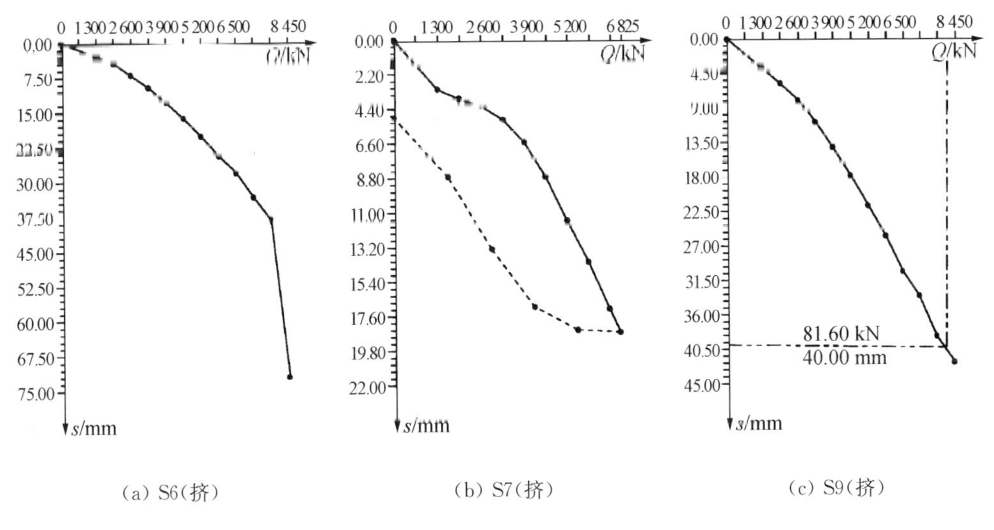

(a) S6(挤)　　(b) S7(挤)　　(c) S9(挤)

图 4-15　试桩静载检测曲线(Q-s 曲线)

6. 结果分析

对比桩基抗拔承载力极限值计算结果与静载检测结果发现,计算结果较检测结果大。初步分析主要原因在于:桩端以下⑥$_1$砾砂持力层厚度比较小,普遍在1.0 m 左右,不满足桩端以下持力层厚度不小于 $3d$ 的要求;桩端以下为⑥$_2$粉质黏土,承载力比较小,桩端阻力特征值只有 750 kPa,不到桩端持力层⑥$_1$砾砂的桩端阻力特征值 1 600 kPa 的一半。

4.4　小结

如表 4-24 所示,5 个项目的注浆挤扩钻孔灌注桩 6 个工程算例分析表明,其中 5 个算例的极限承载力计算值都小于极限承载力检测值,只有宁波世茂璀璨万境 1 个算例的极限承载力计算值大于极限承载力检测值约 15%,初步分析主要原因在于,桩端以下持力层厚度不到 $3d$,且下卧土层承载力明显偏低,造成桩端阻力严重高估。因此,总体而言,采用钦德勒(Chandler 1968)提出的桩侧阻力计算的有效应力法——β 法反映挤扩效应的注浆挤扩桩承载力计算方法具有较高的准确性,可以作为注浆挤扩桩承载力估算之用。

表 4-24 注浆挤扩桩极限承载力计算值与检测值对比

序号	工程名称	桩基类型	挤扩段土层	桩端持力层	桩端后注浆	极限承载力计算值/kN	极限承载力检测值/kN
1	深圳坪山世茂中心	抗拔桩	硬塑粉质黏土	硬塑粉质黏土	无	4 148	6 000(未破坏)
2	温州旭辉世茂招商鹿宸印	抗拔桩	可塑黏土	可塑黏土	无	4 583	4 000(未破坏)
3	温州旭辉世茂招商鹿宸印	抗压桩	可塑黏土	可塑黏土	无	5 295	5 300
4	绍兴世茂云樾府	抗压桩	中密砾砂	中密圆砾	无	8 828	9 200
5	常熟世茂世纪中心4幢	抗拔桩	硬塑黏土	硬塑黏土	无	4 087	4 180(未破坏)
6	宁波世茂璀璨万境	抗压桩	密实砾砂	密实砾砂	有	9 173	7 800

进一步分析还可以发现,注浆挤扩桩承载力计算结果的准确性受挤扩段土层状态影响显著。挤扩段处于可塑黏土层中的注浆挤扩桩承载力计算结果与静载检测结果比较相近,说明计算假定与实际比较相符:挤扩段桩周水平有效应力 σ'_h 等于临塑压力 P_f 或注浆挤扩临界压力 P_c 减去孔隙水压力。但是挤扩段处于硬塑黏土或密实砾砂层中的注浆挤扩桩承载力计算结果较静载检测结果小许多,说明计算假定与实际情况有较大出入:挤扩段桩周水平有效应力 σ'_h 远大于临塑压力 P_f 或注浆挤扩临界压力 P_c 减去孔隙水压力。主要原因在于,土层强度越高,注浆后桩周残余应力越大,远超过临塑压力。

5 注浆成型挤扩桩设计

注浆成型挤扩桩作为一种全新的桩型，桩基设计时一般先进行试桩设计，然后根据静载试验结果，确定合适的单桩承载力特征值，再进行桩基设计。在进行试桩设计时，可根据项目初勘资料，结合单桩承载力需求，按第 4 章承载力计算方法进行估算，确定试桩设计参数。试桩根数不少于 3 根，静载试验宜加载至极限破坏，以便确定桩基极限承载力。桩基设计主要内容包括：桩身构造设计、桩身设计、注浆挤扩设计、施工和检测要求。

5.1 注浆成型挤扩钻孔灌注桩

5.1.1 桩身构造设计

1. 桩身大样

注浆成型挤扩钻孔灌注桩桩身构造设计内容：基桩挤扩成型前包括钢筋笼、束浆袋；基桩注浆挤扩成型后包括钢筋混凝土桩身以及水泥浆体扩大头。注浆前、后桩身大样图分别如图 5-1、图 5-2 所示。

2. 基本尺寸

桩径不宜小于 600 mm；注浆成型挤扩钻孔灌注桩抗压桩长细比应满足桩基规范和地方标准要求。

3. 混凝土标号

水下灌注混凝土标号一般采用 C30～C50。对于注浆成型挤扩钻孔灌注桩抗压桩，为充分利用桩身强度，混凝土标号宜选取高标号；对于注浆成型挤扩钻孔灌注桩抗拔桩，主要是钢筋受力，为控制裂缝，混凝土标号宜选取 C30 或 C35。

4. 桩身配筋

(1) 竖向钢筋

桩身竖向钢筋按计算确定，如为构造配筋，竖向承压桩的配筋率不小于 0.42%，承受水平力桩的配筋率不小于 0.65%。钢筋笼应沿桩身通长配筋。抗压桩钢筋笼应穿过淤泥质土层，并不宜小于 2/3 桩长，另外，桩底 1/3 段钢筋笼中竖向钢筋可减半。

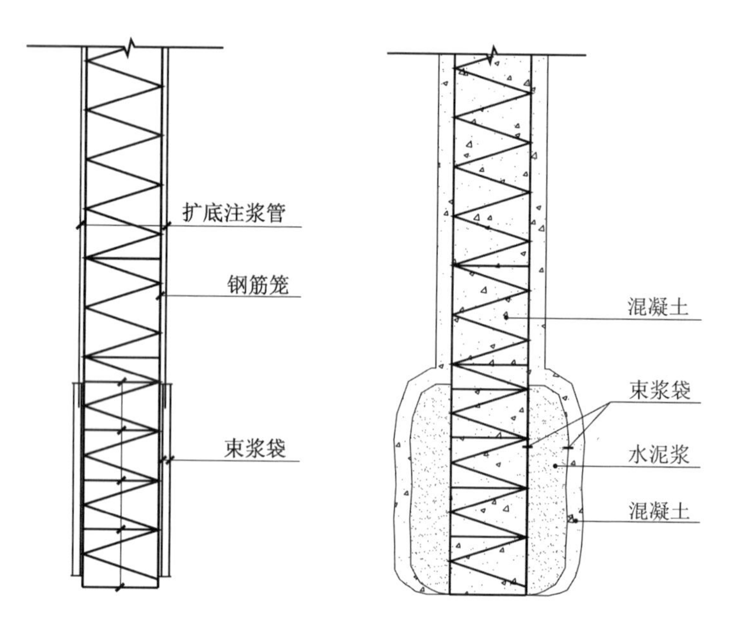

图 5-1　注浆前桩身大样图　　图 5-2　注浆后桩身大样图

(2) 螺旋箍筋

桩身非扩底段宜采用直径为 6～8 mm 的螺旋箍，间距 200～300 mm；桩顶以下 $5d$ 范围内箍筋应加密，间距不应大于 100 mm。桩身挤扩段螺旋箍间距不宜超过 200 mm；当考虑箍筋受力作用时，箍筋配置应符合现行国家标准《混凝土结构设计规范》(GB 50010—2011)的有关规定。

(3) 加强箍筋

当钢筋笼长度超过 4 m 时，应每隔 2 m 设一道直径不小于 12 mm 的焊接加劲箍筋。抗拔桩中，钢筋笼重量比较大，加强箍筋直径一般不小于 16 mm。

5. 混凝土保护层

对于注浆挤扩钻孔灌注桩，注浆管采用铁丝绑扎于钢筋笼箍筋外侧进入束浆袋中，因此，混凝土保护层宜适当加大，宜取 60 mm。

6. 挤扩段土层分布

根据注浆成型挤扩钻孔灌注桩承载机理，挤扩段不应设置在淤泥质软土、中风化等硬质岩层中。

7. 桩基布置

注浆成型挤扩钻孔灌注桩布桩时，群桩中桩的中心距不应小于 $3d$（d 为等截面段桩身直径），并且不小于挤扩段直径的1.5倍。

5.1.2 桩身设计

注浆成型挤扩钻孔灌注桩需经抗压、抗拔、水平承载力、桩身承载力和裂缝控制计算。

1. 抗压桩

注浆成型挤扩钻孔灌注桩是新型桩，单桩抗压承载力特征值应根据静载试验结果确定，然后根据静载试验结果，再确定单桩抗压承载力特征值。

在确定单桩竖向抗压承载力时应同时进行桩身结构强度验算。验算时应考虑桩身材料强度、成桩工艺、约束条件、环境类别等因素。注浆成型挤扩钻孔灌注桩桩身承载力应符合下列规定：

$$N'_d \leqslant (0.7 \sim 0.8) f_c A \tag{5-1}$$

式中 N'_d——作用于单桩桩顶的竖向力设计值，kN，应采用荷载作用效应组合值，分项系数按现行国家标准《建筑结构荷载规范》(GB 50009—2012)取值；

f_c——桩身混凝土轴心抗压强度设计值，kPa；

A——注浆成型扩底灌注桩桩顶横截面面积，m²，按 $A=\frac{\pi}{4}d^2$ 计算（d 为非挤扩段基桩直径，m）。

2. 抗拔桩

抗拔桩桩身设计应同时满足桩身承载力和裂缝控制要求。桩身承载力验算如下：

$$N_t \leqslant f_y A_s \tag{5-2}$$

式中 N_t——作用于单桩的竖向拉力设计值，kN，应采用荷载作用效应组合值，分项系数按现行国家标准《建筑结构荷载规范》(GB 50009—2012)取值；

f_y——钢筋的抗拉强度设计值，kPa；

A_s——钢筋的截面面积，m²。

对于允许出现裂缝的基桩，按荷载作用效应标准组合计算的桩身最大裂缝宽度应符合下列要求：

$$\omega_{max} \leqslant \omega_{lim} \tag{5-3}$$

式中 ω_{max}——按荷载作用效应标准组合计算的桩身最大裂缝宽度，mm，可按现行国家标准《混凝土结构设计规范》(GB 50010—2011)计算，当保护层设计厚度超过 30 mm 时，可将厚度取为 30 mm 计算裂缝的最大宽度；

ω_{lim}——最大裂缝宽度限制，mm，按现行国家标准《混凝土结构耐久性设计规范》(GB/T 50476—2008)相关规定取用。

3. 单桩水平承载力计算

建筑桩基单桩水平承载力的确定同普通钻孔灌注桩，此处不再赘述。

5.1.3 注浆挤扩设计

注浆挤扩设计包括束浆袋设计和注浆设计。其中，束浆袋设计主要包括材料性能、尺寸设计和挤扩段土层分布范围。注浆设计主要包括注浆管设计、注浆材料、注浆量和注浆压力。

1. 束浆袋材料

束浆袋一般选用一等品篷盖用维纶帆布制作，质量检测标准参照《篷盖用维纶本色帆布》(FZ/T 13015—2014)。

2. 束浆袋尺寸

注浆挤扩钻孔灌注桩中，束浆袋为双层等直径、等高度圆柱体(图 5-3)，直径一般为钢筋笼直径加 300 mm，高度一般取 4～7 m，进入中、低压缩性土层不宜小于 4 m。

图 5-3 双层束浆袋

束浆袋中上部设置一个直径 50 mm、长 200 mm 的单层同材料圆柱形袖口，以便后续注浆管与注浆器通过圆柱形袖口插入双层束浆袋底部。束浆袋上下端包边缝纫，并设置松紧口，以便后续与钢筋笼绑扎。

束浆袋生产加工时，应保证束浆袋在注浆施工时的密闭性。束浆袋的下料、裁剪、加工应符合设计图纸要求；缝纫线、折边、针脚等控制参数应符合缝纫产品制作工艺要求，确保束浆袋密闭、接缝强度不低于母材强度。

3. 束浆袋与钢筋笼的连接设计

为确保钢筋笼起吊时保护束浆袋，束浆袋底部一般距离钢筋笼底部约

500 mm，束浆袋上、下端应与钢筋笼加强箍筋绑扎连接。

4. 注浆管

注浆管 1 根，仲至束浆袋袋底。采用 1 吋黑铁管，壁厚不小于 2.8 mm。

5. 注浆材料

注浆材料应采用 P.O 42.5 水泥浆液，水灰比控制在 0.55～0.60 之间。

6. 注浆量

束浆袋内设计注浆量应按下列公式计算：

$$V=\frac{\pi(D^2-d_0^2)}{4}L_g \tag{5-4}$$

式中 V——束浆袋内设计注浆量，m^3；

D——束浆袋设计直径，m；

d_0——钢筋笼直径，m，$d_0=d-2c$，其中，d 为桩身直径，c 为保护层厚度；

L_g——束浆袋设计高度，m。

水泥用量根据水灰比和注浆量进行换算确定。

7. 注浆压力

注浆压力一般保持在 1.0～2.0 MPa。

8. 注浆控制标准

注浆控制以设计注浆量控制为主，注浆压力控制为辅。

5.1.4 施工和检测要求

1. 施工要求

（1）束浆袋安装要求

安装之前应检查束浆袋的完好性；束浆袋的上、下端采用铁丝与钢筋笼主筋绑扎固定，在下放钢筋笼之前应检查束浆袋与钢筋笼的连接，必须确保固定牢固；在现场操作过程中，务必保证束浆袋的完好无损，防止在施工过程中造成束浆袋的损坏，影响注浆挤扩的施工质量。

（2）注浆管安装要求

钢筋笼束浆袋在现场支架上提前安装，同时绑扎第一节注浆管，伸入束浆袋底部。注浆器具有止回功能，注浆管顶部可以省去止回阀。束浆袋绑扎采用铁丝4 m 一道，并辅助缠绕胶带固定。注浆管可采用国标 1 吋黑铁管，采用铁丝绑扎，与钢筋笼的加强箍筋固定牢固；注浆管应随钢筋笼下放，逐节采用直螺纹对接安装，安装时接头处需缠裹生胶带，接头应用管钳拧紧，保证注浆管的密封性，防止脱落；钢筋笼下放受阻时不得撞笼、墩笼、扭笼。

（3）注浆要求

注浆压力：保持在 1.0～2.0 MPa。

注浆控制：以设计注浆量控制为主，注浆压力控制为辅。

注浆时间：桩身浇注完混凝土后，等养护到混凝土终凝时，大约 24 h 后，开始进行挤扩注浆。注浆前，无需清水开塞。

2. 检测要求

注浆成型挤扩钻孔灌注桩检测要求同普通钻孔灌注桩，此处不再赘述。

5.2 注浆成型挤扩钢管桩

5.2.1 桩身构造

基桩形成前，桩身构造包括钢管、束浆袋；基桩注浆挤扩成型后包括钢管桩、钢管外侧水泥浆包裹层、钢管内水泥浆填芯体以及水泥浆扩大头。注浆前、后桩身构造分别如图 5-4、图 5-5 所示。

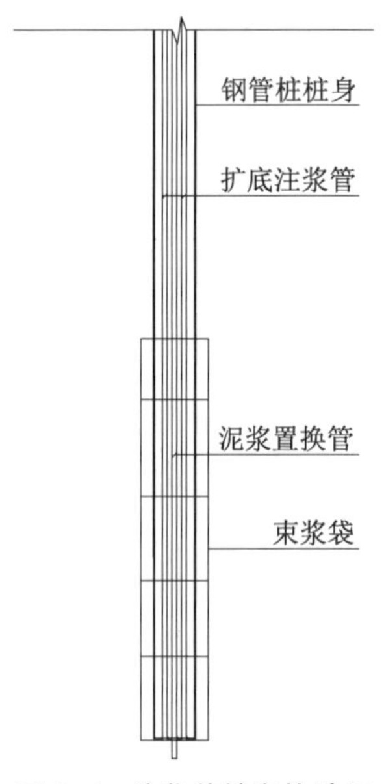

图 5-4 注浆前桩身构造图

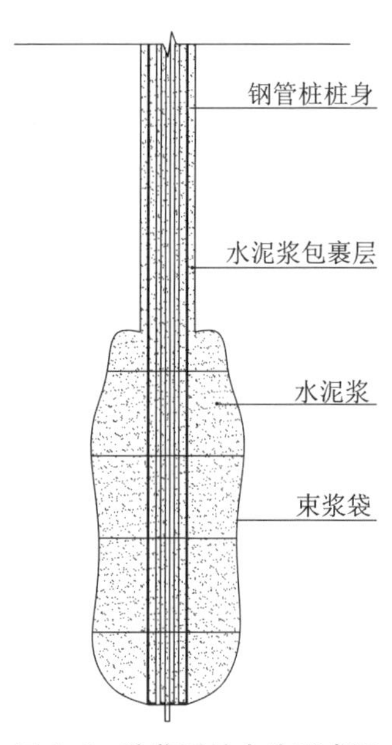

图 5-5 注浆后扩大头形成图

注浆成型挤扩钢管桩的基本尺寸及构造应符合下列要求：

（1）钢管桩直径不宜小于 219 mm。

（2）钢管的分段长度宜为 12～15 m。

（3）钢管桩桩身应由水泥浆包裹，桩身内部应灌入水泥浆，强度等级不应小于 M5。

（4）钢材强度：钢材一般采用 Q345 或 Q235。注浆挤扩钢管抗拔桩建议选用 Q345，减少用材量。

（5）钢管桩在注浆挤扩段桩身外侧应设置加强箍筋，箍筋直径宜取 6～8 mm，间距 200～300 mm。增强钢管与水泥浆的握裹力。

5.2.2 桩身设计

桩身设计主要为截面设计。管壁的设计厚度由有效厚度和腐蚀厚度组成。腐蚀厚度可按腐蚀速度与使用年限确定，地下水位以下腐蚀速度一般可取 0.02～0.03 mm/年。

1. 抗拔桩

注浆成型挤扩钢管桩桩身抗拔承载力验算应符合下列规定：

$$N'_{td} \leqslant fA' \tag{5-5}$$

2. 抗压桩

注浆成型挤扩钢管桩桩身抗压承载力验算应符合下列规定：

$$N'_{d} \leqslant fA' \tag{5-6}$$

式(5-5)和式(5-6)中：

N'_{td} ——作用于单桩桩顶的竖向拔力设计值，kN，应采用荷载作用效应基本组合值，分项系数按现行国家标准《建筑结构荷载规范》(GB 50009—2012)取值；

N'_{d} ——作用于单桩桩顶的竖向压力设计值，kN，应采用荷载作用效应基本组合值，分项系数按现行国家标准《建筑结构荷载规范》(GB 50009—2012)取值；

f ——钢材的抗拉强度设计值，kPa；

A' ——钢管桩扣除腐蚀厚度的横截面有效截面面积，m^2。

3. 钢管焊缝设计

注浆成型挤扩钢管桩应同时对桩身接桩处进行焊缝强度验算。

5.2.3 注浆挤扩设计

注浆挤扩设计包括束浆袋设计和注浆设计。其中，束浆袋材料性能、注浆量设计同注浆挤扩钻孔灌注桩。

1. 束浆袋尺寸

注浆挤扩钢管桩中，束浆袋为单层等直径、等高度圆柱体，直径一般为钢管外径加 300～400 mm，高度一般取 4～7 m，进入中、低压缩性土层不宜小于 4 m。

2. 注浆管

注浆管 2 根，伸至钢管桩端部。采用 1 吋黑铁管，壁厚不小于 2.8 mm。

3. 注浆材料

钢管桩桩身及束浆袋内注浆材料均应采用 P.O 42.5 水泥浆液，水灰比控制在 0.55～0.60 之间。

4. 注浆压力

注浆压力一般保持在 1.0～2.0 MPa。

5. 注浆时间

孔中水泥浆置换养护 24 h 后，开始对桩底束浆袋内进行水泥浆注浆。

6. 注浆控制标准

注浆控制以设计注浆量控制为主，注浆压力控制为辅。

5.2.4 施工和检测要求

1. 施工要求

(1) 束浆袋安装要求

束浆袋安装要求同注浆成型挤扩钻孔灌注桩，此处不再赘述。

(2) 注浆管安装要求

桩身及束浆袋在现场支架上提前安装。注浆器具有止回功能，注浆管顶部可以省去止回阀。束浆袋绑扎采用铁丝 4 m 一道，并辅助缠绕胶带固定。注浆管可采用国标 1 吋黑铁管，采用铁丝绑扎与钢管固定牢固；注浆管应随桩身下放，逐节采用直螺纹对接安装，安装时接头处需缠裹生胶带，接头应用管钳拧紧，保证注浆管的密封性，防止脱落。

(3) 注浆要求

注浆压力：保持在 1.0～2.0 MPa。

注浆控制：以设计注浆量控制为主，注浆压力控制为辅。

2. 检测要求

注浆成型挤扩钢管桩检测要求，同普通钢管桩，此处不再赘述。

5.3 注浆成型挤扩预应力管桩

5.3.1 桩身构造

基桩形成前桩身构造包括预应力混凝土管桩、束浆袋；基桩注浆扩底成型后包括预应力混凝土管桩桩身、管桩外侧水泥浆包裹层以及水泥浆扩大头。注浆前、后桩身构造分别如图 5-6、图 5-7 所示。

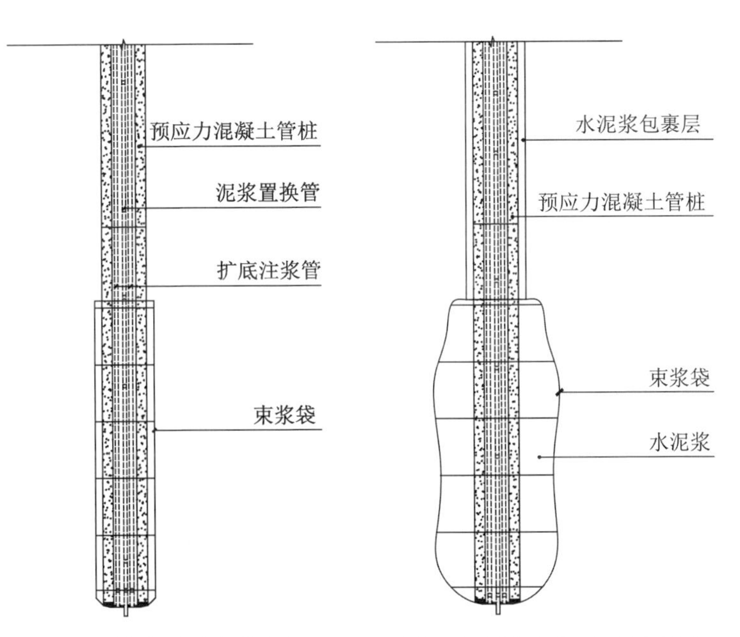

图 5-6 注浆前桩身构造图　　**图 5-7 注浆后扩大头形成图**

注浆成型挤扩预应力管桩的基本尺寸及构造应符合下列要求：

(1) 成孔直径不宜小于 500 mm。

(2) 预应力管桩桩身应由水泥浆包裹，水泥浆强度等级不应小于 M5。

(3) 预应力混凝土管桩的连接可采用端板焊接连接、法兰连接、螺纹连接。每根桩的接头数量不宜超过 4 个。

(4) 桩底扩大头等效扩底直径 D_0 宜取管桩直径外扩 0.3～0.4 m。扩底段进入中、低压缩性土层不宜小于 4 m。

5.3.2 桩身设计

桩身设计主要为截面设计。管壁的设计厚度由有效厚度和腐蚀厚度组成。腐蚀厚度可按腐蚀速度与使用年限确定，地下水位以下腐蚀速度一般可取0.02～0.03 mm/年。

1. 抗拔设计

注浆成型挤扩预应力混凝土管桩用作抗拔桩时，应满足普通管桩裂缝设计要求和桩身承载力设计要求，此处不再赘述。

2. 抗压设计

注浆成型挤扩预应力混凝土管桩用作抗压桩时，应满足普通管桩桩身承载力设计要求，此处不再赘述。

3. 接桩设计

接桩设计要求同预应力管桩，此处不再赘述。

5.3.3 注浆挤扩设计

注浆挤扩设计主要包括束浆袋设计和注浆设计。其中，束浆袋材料性能和注浆量设计同注浆挤扩钻孔灌注桩。

1. 束浆袋尺寸

注浆挤扩预应力管桩中，束浆袋为单层等直径、等高度圆柱体，直径一般为预应力管桩外径加300～400 mm，高度一般取4～7 m，进入中、低压缩性土层不宜小于4 m。

2. 注浆管

注浆管2根，伸至管桩桩底封板。采用1吋黑铁管，壁厚不小于2.8 mm。

3. 注浆材料

注浆材料采用P.O 42.5水泥浆液，水灰比控制在0.55～0.60之间。注浆压力一般保持在1.0～2.0 MPa。

4. 注浆时间

钻孔内水泥浆置换养护24 h后，开始对桩底束浆袋内进行水泥浆注浆。

5. 注浆控制标准

注浆控制以设计注浆量控制为主，注浆压力控制为辅。

5.3.4 施工和检测要求

1 施工要求

束浆袋安装要求、注浆管安装要求、注浆要求同注浆成型挤扩钢管桩，此处不再赘述。

2. 检测要求

注浆成型挤扩预应力管桩检测要求同普通预应力管桩，此处不再赘述。

6 注浆成型挤扩钻孔灌注桩施工

6.1 施工工艺

注浆成型挤扩钻孔灌注桩施工工艺是传统钻孔灌注桩工艺与注浆成型挤扩工艺相结合的新工艺，即首先利用传统钻孔灌注桩工艺施工钻孔灌注桩，然后将高压水泥浆注入预先布置在钢筋笼底部的束浆袋内，使束浆袋扩张挤压钻孔灌注桩底部周围土体，最终在钻孔灌注桩底部周围形成硬化水泥浆挤扩体，如图 6-1 所示。

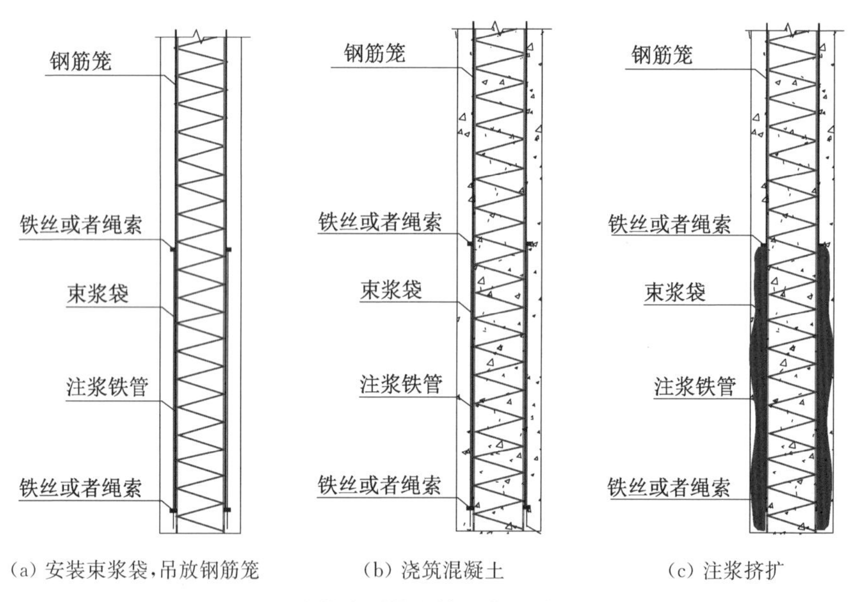

图 6-1　注浆成型挤扩钻孔灌注桩工艺原理

6.2 施工流程

注浆成型挤扩钻孔灌注桩施工流程与普通钻孔灌注桩施工流程基本相同，只是将注浆挤扩施工相关作业穿插其中(图 6-2)：

(1) 利用传统钻孔工艺成孔，一次清孔；

(2) 制作钢筋笼，底笼安装束浆袋和注浆管；

(3) 将钢筋笼、束浆袋和注浆管下放到钻孔中；

(4) 下放混凝土导管，二次清孔后灌注混凝土；

(5) 混凝土灌注完成后，养护不少于 24 h；

(6) 注浆挤扩，在桩下部形成硬化水泥浆体挤扩段。

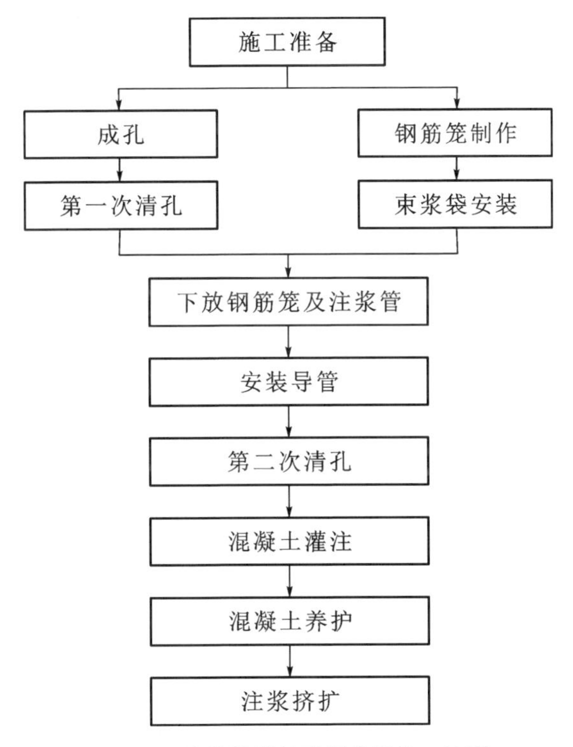

图 6-2　注浆挤扩钻孔灌注桩施工流程

6.3　施工技术

6.3.1　成孔

注浆成型挤扩钻孔灌注桩成孔施工前首先要选定成孔工艺。目前，钻孔灌注桩成孔主要有回转钻进、旋挖钻进和冲击钻进三种工艺，这些工艺都非常成熟，关键要根据项目地质条件和当地设备情况，因地制宜地选择适合的成孔工艺。下面以正循环回转钻进工艺为例，介绍钻孔灌注桩的成孔作业技术要求。

1. 测量定位

地坪施工完成后，以测绘院提供的红线点坐标作为控制点，采用全站仪进行桩位测量放线，群桩桩位误差不得大于 2 cm，单排桩误差不得大于 1 cm，用红漆标注桩位中心点并打设短钢筋作为标记，钻机对中时检查桩位和桩号。

2. 护筒安装

施工前要仔细研究地质勘察报告，深入了解回填土分布和深度及其稳定性，护筒应穿过不稳定的回填土。人工挖埋护筒前，用十字架将桩位引至地坪并做好标记。护筒挖好后，利用地坪上的标记在孔内中心点上打入钢筋标，作为钻机对中标记。

3. 钻机就位

钻机安装调试并验收合格后，通过铺设枕木、架设滚轮自行就位，并严格对中整平。钻机定位应准确、水平、稳固，回转盘中心与设计桩位中心偏差不应大于 20 mm。钻机定位时，应校正钻架的垂直度，钻机对中调平并经监理验收合格后，方可进行钻进成孔。

4. 泥浆制备

泥浆性能要求如表 6-1 所示。

表 6-1　泥浆性能技术指标

泥浆性能	注入孔口	排出孔口
泥浆密度	≤1.15	≤1.30
漏斗黏度	18″～22″	20″～26″

5. 钻进成孔

开孔钻进时应先轻压、慢钻并控制泵量，进入正常工作状态后，逐渐加大转速和钻压。正常钻进时，应合理控制钻进参数以及泥浆性能指标。泥浆比重控制在 1.25～1.30。在易塌地层中钻进时，应放慢转速及钻进速度，并适当调整泥浆性能。钻进深度超过 30 m 以后，减挡放慢转速及钻进速度，适当加大泥浆比重。加接钻杆时应先将钻具提离孔底，待泥浆循环 2～3 min 后再拧卸加接钻杆。具体钻进控制参数如表 6-2 所示。

表 6-2 正循环成孔钻进控制参数

地层	钻压/kPa	转速/($r \cdot min^{-1}$)	最小泥浆泵量/($m^3 \cdot h^{-1}$)	
			桩径<1 m	桩径>1 m
粉性土、黏性土	10～25	40～70	100	150
砂土	5～15	40	100	150

6. 清孔

第一次清孔利用成孔钻具直接进行，清孔时先将钻头提离孔底 15～20 cm，然后输入泥浆循环清孔，并应控制泥浆比重，调节泥浆性能，严禁大量地注入清水。清孔时间宜大于 45 min。

第二次清孔利用灌注混凝土的导管输入泥浆循环清孔，清孔时输入孔内的泥浆比重应控制在 1.15 以下，清孔后的泥浆比重应小于 1.15。端承型抗压桩沉渣厚度≤50 mm，摩擦型抗压桩和抗拔桩沉渣厚度≤100 mm。第二次清孔后应立即灌注混凝土，混凝土灌注与第二次清孔间隔时间不超过 0.5 h。

7. 桩孔验收

桩孔终孔后，应邀请现场监理对终孔深度、孔底沉渣、泥浆性能指标等进行验收。验收合格后才能进入下道工序。钻孔成孔施工允许偏差如表 6-3 所示。

表 6-3 钻孔成孔施工允许偏差

<table>
<tr><th>项次</th><th colspan="3">项目</th><th>允许偏差</th><th>检测方法</th></tr>
<tr><td>1</td><td colspan="3">孔径</td><td>±50 mm</td><td>用井径仪或超声波测井仪</td></tr>
<tr><td>2</td><td colspan="3">垂直度</td><td><1%</td><td>用测斜仪或超声波测井仪</td></tr>
<tr><td>3</td><td colspan="3">孔深</td><td>0～+300 mm</td><td>核定钻头和钻杆高度或用测绳</td></tr>
<tr><td rowspan="2">4</td><td rowspan="2">桩位</td><td rowspan="2">D≤1 000 mm</td><td>1～3 根桩、条形桩基垂直于轴线方向、群桩基础中的边桩</td><td>D/6 且不大于 10 cm</td><td rowspan="2">基坑开挖后，重新测量</td></tr>
<tr><td>条形桩基沿轴线方向、群桩基础的中间桩</td><td>D/4 且不大于 15 cm</td></tr>
</table>

（续表）

<table>
<tr><th>项次</th><th colspan="3">项目</th><th>允许偏差</th><th>检测方法</th></tr>
<tr><td rowspan="2">4</td><td rowspan="2">桩位</td><td rowspan="2">$D>1\,000$ mm</td><td>1～3 根桩、条形桩基垂直于轴线方向、群桩基础中的边桩</td><td>$100+0.01H$</td><td rowspan="2">基坑开挖后，重新测量</td></tr>
<tr><td>条形桩基沿轴线方向、群桩基础的中间桩</td><td>$150+0.01H$</td></tr>
</table>

注：表中 D 为桩径，m；H 为桩长，m。

6.3.2 钢筋笼施工与挤扩装置安装

1. 材料验收

（1）钢筋验收。严格检查进场钢筋的种类、钢号及规格，查验出厂证明书及合格证，使用前应作钢筋抗拉、抗弯检测和焊接抗拉强度检测。

（2）束浆袋验收。严格检查进场束浆袋的帆布质量、缝制质量和尺寸规格，确保束浆袋完整无损，查验产品合格证。

（3）注浆管验收。严格检查注浆管的直径和壁厚，以及螺纹加工质量，查验产品合格证。

2. 钢筋笼制作

（1）钢筋笼制作前应将主筋校直，清除表面污垢、蚀锈。钢筋下料时应按钢筋笼设计图纸下料配筋，分节制作。同时采用模具定位，以保证主筋位置准确，成笼垂直度好，无扭曲现象。

（2）螺旋箍筋、加劲箍筋与主筋之间采用电焊连接，点焊强度和密度须满足设计和规范要求。主筋焊接接头应错开 $35d$（d 为主筋直径），同一截面钢筋接头数量不超过 50%。

（3）钢筋笼分节制作、分段连接，钢筋笼主筋采用单面焊接，焊接长度为 $10d$。焊缝宽度不应小于 $0.7d$，厚度不小于 $0.3d$。焊接要对称操作，操作完毕后应轻轻敲打除去焊渣，以消除温度应力；上下段连接顺直，在保证质量的前提下，焊接时间应尽量缩短。

（4）钢筋笼制作成型后采用钢卷尺进行检查验收，相关几何尺寸允许偏差值如下：

主筋间距：±10 mm；箍筋间距：±20 mm；钢笼直径：±10 mm；钢笼整体长度：±100 mm。

3. 设置保护块

为保证混凝土保护层厚度 50 mm，在钢筋笼上设置圆饼形水泥砂浆保护块 ϕ150 mm×50 mm，每平面 1 组(3～4 只)，沿钢筋笼长度方向 4.0 m 设置 1 组，每节笼不少于 2 组，保证钢筋笼中心与桩中心重合。

4. 束浆袋安装

钢筋笼底笼制作完成后，采用支架将其架空，然后套装束浆袋。束浆袋按照设计要求就位以后，采用 14 号铁丝将两端固定在钢筋笼加强箍筋上，中间每隔 1 m 用细铁丝或胶带收束，以便束浆袋顺利下放。

5. 注浆管安装

束浆袋就位后，将注浆管通过袖管插入束浆袋底，将束浆袋内空气排除后，将注浆袖管绑扎、密封。在钢筋笼下放过程中，穿插进行注浆管安装。注浆管采用螺纹连接，接头采用生胶带处理，防止泥浆进入和漏浆。注浆管连接完成后，将其每间隔 2.0～3.0 m 采用 10 号铁丝固定在钢筋笼主筋上。

6. 钢筋笼的吊放与定位

钢筋笼、束浆袋、注浆管应经监理验收合格后方可下放。钢筋笼在起吊、运输和安装中应采取措施防止变形，避免损坏束浆袋。钢筋笼吊放入孔时，应对准孔位轻放、慢放。钢筋笼底笼下放时，应将束浆袋内空气排放干净，以便钢筋笼下放。钢筋笼下放遇阻时应上下轻轻活动或停止下放，查明原因后进行处理，严禁强行下放。钢筋笼全部入孔后，按设计要求检查安放位置标高并做好记录，符合要求后，采用两根钢筋吊筋将其固定，防止因钢筋笼下落或灌注混凝土时上下串动造成错位。钢筋笼安装应居中，深度应符合设计要求。

6.3.3 混凝土灌注

1. 安装灌注导管

使用ϕ258 mm 快速接头灌注导管，导管下入孔内前必须做漏水试验，合格后方能使用。导管下入长度按管底口与孔底的距离能顺利排出球胆隔水塞为宜，一般控制在 300～500 mm。下入孔内的每根导管都要认真仔细检查，清除丝扣上的浮渣，检查 O 形密封圈是否完好，并在丝扣上重新涂黄油作进一步密封，使导管连接牢固顺直，接口严密，不漏泥浆。

2. 灌注混凝土

采用商品混凝土，由混凝土车直接送至工地，并对每车混凝土坍落度进行测试，控制在 160～220 mm。开灌前应做好一切准备工作，联系商品混凝土供应单位以保证混凝土灌注能连续进行，单桩混凝土灌注时间不超过 6 h。灌注过程中应设专人负责检测记录工作，随时注意观察管内混凝土面下降及孔内返水情况，及时检测孔内混凝土面上升情况，及时提升和分段拆除上端导管。导管下口在混凝土内的埋置深度宜控制在 3～10 m，导管应勤拆，一次提拆不超过 6 m。导管提升时，应保持轴线垂直，防止接头卡挂钢筋笼。为确保桩顶质量，混凝土的顶面应高出桩顶设计标高不小于 1.2 m，测定混凝土面确已达到上述要求后方可停止灌注。混凝土实际浇灌量不得小于计算值，充盈系数控制在 1.0～1.3 以内。

6.3.4 注浆挤扩

混凝土灌注完成、养护 24 h 后，开始注浆挤扩。注浆挤扩严格按照第 3 章中“挤扩桩注浆成型施工技术”的要求进行，重点把控以下环节：

(1) 水泥验收。水泥进场要按照规范要求进行验收，应有出厂质量证明书并复试合格。

(2) 配合比控制。水灰比为 0.55，要采用简单易行的方法控制用水量，如采用水位标记控制用水量，方便工人操作；比重计测量水泥浆比重。

(3) 注浆量控制。注浆量要满足设计要求。每一根钻孔灌注桩注浆挤扩要独立进行，严禁多根钻孔灌注桩注浆挤扩共用一个储浆桶(池)，确保注浆量计量准确。

(4) 注浆压力控制。注浆挤扩要平稳进行，注浆宜分 3 次进行，每次注浆量为总注浆量的 1/3，中间间隔 15～20 min；注浆速度控制在 75 L/min 以下；注浆压力控制在 2.5 MPa 以下，如中途压力达到 1.5 MPa，应暂停注浆，待 15～20 min 后，再次注浆，直至设计注浆量压注完成。

6.4 工程试验

为了检验注浆挤扩钻孔灌注桩工艺的技术可行性，完善注浆挤扩钻孔灌注桩技术，在上海建工房产有限公司和万科等建设单位支持下，先后在上海大唐盛世花园四期和上海虹桥万科中心等项目进行了工程试验。工程试验结果表明，注浆挤扩钻孔灌注桩技术上是可行的，承载性能是优异的，具有良好的推广应用前景。

6.4.1 大唐盛世花园四期

1. 工程概况

大唐盛世花园四期项目包括 2 栋 22 层的 5A 甲级智能办公楼及 1 栋 2 层的商

业楼，并设置 2 层地下室，地下一层主要为商业用房，地下二层为停车库。项目地上总建筑面积 82 564 m^2，地下总建筑面积 43 128 m^2。本工程进行了注浆挤扩钻孔灌注桩和普通钻孔灌注桩作为抗拔桩的对比试验。

2. 地质概况

根据本次勘探揭露的地层资料分析，拟建场地 100 m 深度范围内的地基土属第四纪全新世及上更新世沉积物，主要由饱和黏性土、粉性土及砂土组成，一般呈水平层理分布，按沉积年代、成因类型及物理力学性质的差异，可将地基土划分为 9 个主要层次。

① 层杂填土、浜土：湿、松散，含碎砖块、腐殖物、有机质等，以建筑垃圾为主，层厚为 0.30～4.70 m。

② 层黏土：含氧化铁锈斑及铁锰质结核，土质自上而下渐变软，光滑，干强度和韧性高，无摇振反应。褐黄色～灰黄色，软塑、压缩性高，层厚为 0.30～2.50 m。

③ 层淤泥质粉质黏土：含云母、有机质，夹薄层粉性土，无摇振反应，稍有光滑，韧性中等、干强度中等。灰色，流塑、压缩性高，层厚为 0.60～3.70 m。

③ 夹层砂质粉土：含云母，夹薄层黏性土、局部夹黏质粉土，土质不均匀，摇振反应迅速，无光泽反应，韧性低、干强度低。灰色，湿、中密、压缩性中等，层厚为 1.20～3.20 m。

④ 层淤泥质黏土：含云母、有机质及少量贝壳，土质均匀，干强度和韧性高，无摇振反应，光滑。灰色，流塑、压缩性高，层厚为 7.90～10.60 m。

⑤ 层粉质黏土：含有机质条纹，泥钙质结核，无摇振反应，干强度和韧性中等，稍有光滑。灰色，软塑、压缩性高，层厚为 4.90～6.80 m。

⑥ 层粉质黏土：含氧化铁锈斑及铁锰质结核，局部夹少量粉性土。无摇振反应，稍有光滑，干强度中等、韧性中等。暗绿色～草黄色，可塑、压缩性中等，层厚为 3.60～5.70 m。

$⑦_{1-1}$层砂质粉土：含云母，摇振反应迅速，无光泽反应，干强度低、韧性低。草黄色～灰黄色，很湿、中密、压缩性中等，层厚为 1.90～5.65 m。

$⑦_{1-2}$层粉砂：含石英、长石、云母等矿物，局部混有砂质粉土。灰黄色，湿、密实、压缩性中等，层厚为 6.30～13.30 m。

$⑦_2$层粉砂：含石英、长石、云母等矿物，局部夹少量细砂。灰黄色～灰色，湿、密实、压缩性中等，层厚为 22.90～25.40 m。

⑧ 层粉质黏土、粉砂互层：粉质黏土和粉砂交错存在，以粉质黏土为主，局部砂性较重。灰色，软塑、压缩性中等，层厚为 6.10～8.25 m。

⑨ 层粉细砂夹中砂：含石英、长石、云母等矿物，局部夹少量中砂。灰色，稍湿、密实、压缩性中等，层厚为 15.99～21.35 m。

各土层的主要物理力学参数详见表 6-4。

表 6-4　各土层的主要物理力学参数

土层名称	天然密度 /(kN·m^{-3})	标准贯入试验实测平均值 N	固结快剪		承载力特征值建议值 f_{ak}/kPa
			黏聚力 c/kPa	内摩擦角 φ/(°)	
① 杂填土、浜土	—	—	—	—	—
② 层黏土	18.2	—	19	14.5	68
③ 层淤泥质粉质黏土	17.5	—	12	19.5	56
③ 夹层砂质粉土	18.8	7.8	5	33.0	80
④ 层淤泥质黏土	16.9	—	14	13.0	60
⑤ 层粉质黏土	18.0	—	16	17.0	80
⑥ 层粉质黏土	19.6	—	44	19.5	—
$⑦_{1-1}$层砂质粉土	18.7	31.2	7	29.0	—
$⑦_{1-2}$层粉砂	18.8	40.2	0	35.5	—
$⑦_{2}$层粉砂	19.1	>50	0	35.5	—
⑧ 层粉质黏土、粉砂	18.9	31.6	13	26.0	—
⑨ 层粉细砂夹中砂	20.0	>50	0	36.5	—

3. 单桩竖向抗拔承载力估算

(1) 估算参数

根据详勘报告，对于钻孔灌注桩，本场地各层地基土桩侧阻力标准值 q_{sa} 及桩端阻力特征值 q_{pa} 建议值详见表 6-5。

表 6-5　桩基础力学参数建议值

土层名称	岩土状态	桩侧阻力特征值 q_{sa}/kPa	桩端阻力特征值 q_{pa}/kPa	抗拔系数 λ
② 层黏土	软塑	7.5	—	—
③ 层淤泥质粉质黏土	流塑	7.5～10	—	—

（续表）

土层名称	岩土状态	桩侧阻力特征值 q_{sa}/kPa	桩端阻力特征值 q_{pa}/kPa	抗拔系数 λ
③ 夹层砂质粉土	中密	7.5～12.5	—	—
④ 层淤泥质黏土	流塑	12.5		0.6
⑤ 层粉质黏土	软塑	18	—	0.60
⑥ 层粉质黏土	可塑	27.5	500	0.60
$⑦_{1-1}$层砂质粉土	中密	35	850	0.60
$⑦_{1-2}$层粉砂	密实	40	1 000	0.50
$⑦_{2}$层粉砂	密实	40	1 150	0.50

（2）单桩竖向抗拔承载力估算

根据桩基础力学参数建议值进行估算，有效桩长 19.7 m 的ϕ 600 mm 钻孔灌注桩的竖向抗拔承载力特征值仅为 480 kN。

4. 试桩方案

普通钻孔灌注桩抗拔桩试桩 2 根，桩径为 600 mm，有效桩长 27 m，理论计算得到竖向抗拔承载力极限值为 1 820 kN，试验加载值为 2 500 kN；注浆挤扩钻孔灌注桩抗拔桩试桩 3 根，桩径为 600 mm，有效桩长 22 m，试验加载值为 2 700 kN。试桩方案详见表 6-6。

表 6-6　大唐盛世花园四期试桩方案

桩型	根数	桩径/mm	桩长/m	持力层	试验加载值/kN
钻孔灌注桩	2	600	27	$⑦_{1-2}$粉砂	2 500
注浆挤扩钻孔灌注桩	3	600	22	$⑦_{1-1}$砂质粉土	2 700

普通钻孔灌注桩和注浆挤扩钻孔灌注桩的试桩设计如图 6-3 所示。

5. 试验结果

试桩静载检测采用慢速维持荷载法，静载试验结果如图 6-4 所示。从图中可以看出，普通钻孔灌注桩试桩和注浆挤扩钻孔灌注桩试桩加载到各自的加载值都未发生破坏。1 根注浆挤扩钻孔灌注桩试桩加载到 2 500 kN 时，因焊接钢筋拉脱而中断试验，其余 2 根注浆挤扩钻孔灌注桩试桩均加载到 2 700 kN，均未发生破坏。尽管两种试桩都未达到承载力极限状态，但是两种试桩的承载性能还是表现

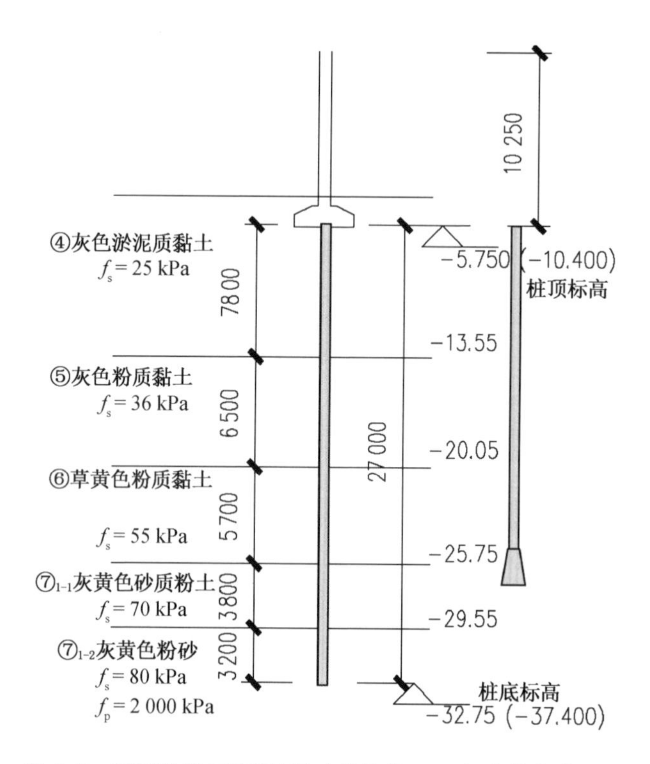

图 6-3　试桩设计示意图(尺寸单位为 mm,标高单位为 m)

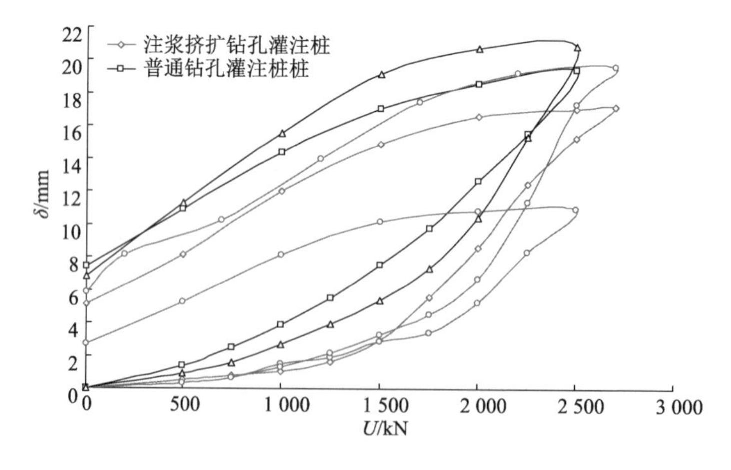

图 6-4　抗拔桩静载试验曲线

出明显差异：在桩长缩短 5 m 的情况下，注浆挤扩钻孔灌注桩的上拔变形仍然比普通钻孔灌注桩的小，说明注浆挤扩钻孔灌注桩的承载性能较普通钻孔灌注桩优异。

6.4.2 上海虹桥万科中心

1. 工程概况

上海虹桥万科中心（虹桥商务区核心区一期 3 号地块南块新建项目）是集办公、商业、文化娱乐于一体的综合建筑，总建筑面积 190 000 m^2，其中地上建筑面积 110 000 m^2，7 栋 7～8 层的高层办公楼合围组成建筑群体，最高建筑高度 38 m；地下建筑面积 80 000 m^2，地下一层为商业，地下二、三层为车库。本工程进行注浆挤扩钻孔灌注桩和普通钻孔灌注桩作为地下室抗拔桩的对比试验。

2. 地质概况

根据本次勘探揭露的地层资料分析，拟建场地 100 m 深度范围内的地基土属第四纪全新世及上更新世沉积物，主要由饱和黏性土、粉性土及砂土组成，一般呈水平层理分布，按沉积年代、成因类型及物理力学性质的差异，可将地基土划分为 9 个主要层次。

①$_1$杂填土：主要由碎石、砖块等夹少量黏性土组成，很湿、松散，土质不均。场地内均有分布，层厚 1.00～4.00 m。

①$_2$浜填土：上部主要由碎石、砖块等夹少量黏性土组成，底部为淤泥，含有机质及腐殖物等。灰黑色、软塑，土质差。分布于暗浜地段，层厚 1.70～2.10 m。

②$_1$粉质黏土：含铁锰质结核及氧化铁斑点，夹薄层粉性土。褐黄色、湿、可塑、压缩性中等。场地内暗浜及厚填土地段缺失，层厚 0.40～1.90 m。

②$_2$淤泥质粉质黏土：含少量氧化铁斑点，夹薄层粉性土。灰黄色、很湿、流塑、压缩性高。场地内暗浜及厚填土地段缺失，层厚 0.50～1.20 m。

③淤泥质粉质黏土：含少量有机质，夹薄层粉性土。灰色、很湿、流塑、压缩性高。场地内均有分布，层厚 2.20～4.30 m。

④淤泥质黏土：含少量有机质，夹薄层粉性土及粉砂。灰色、饱和、流塑、压缩性高。场地内均有分布，层厚 3.00～4.60 m。

⑤$_{1-1}$灰色黏土：含有机质、泥钙质结核及少量半腐植物根茎，夹薄层粉性土。灰色、很湿、软塑、压缩性高。场地内均有分布，层厚 8.00～10.50 m。

⑤$_{1-2}$粉质黏土：含有机质、泥钙质结核及少量半腐植物根茎，夹薄层粉性土。灰色、湿、可塑、压缩性高。场地内均有分布，层厚 6.40～11.00 m。

⑥黏土：含少量氧化铁斑点，夹薄层粉性土。暗绿色～灰绿色、稍湿、硬塑、压缩性中等。场地内均有分布，层厚 1.00～3.90 m。

⑦砂质粉土：含云母片，夹薄层黏性土。草黄色～灰黄色、湿、密实、压缩性中等。场地内均有分布，层厚 6.20～12.80 m。

⑧$_{1-1}$黏土：含有机质，夹薄层粉性土。灰色、湿、可塑、压缩性中等。场地内均有分布，层厚 1.00～7.20 m。

⑧$_{1-2}$粉质黏土与砂质粉土互层：含有机质，粉质黏土与砂质粉土层厚比约为 2∶1。灰色、湿、可塑、压缩性中等。场地内均有分布，3.80～7.80 m。

⑨粉砂：含云母、石英、长石等，夹薄层黏性土。灰色、饱和、密实、压缩性中等。场地内均有分布，未钻穿。

3. 单桩竖向抗拔承载力估算

(1) 估算参数

根据详勘报告，对于钻孔灌注桩，本场地各层地基土桩侧阻力标准值 q_{sa} 及桩端阻力特征值 q_{pa} 建议值详见表 6-7。

表 6-7　桩基础力学参数建议值

土层名称	岩土状态	桩侧阻力特征值 q_{sa}/kPa	桩端阻力特征值 q_{pa}/kPa	抗拔系数 λ
②层黏土	软塑	7.5	—	—
③层淤泥质粉质黏土	流塑	7.5～9	—	—
④层淤泥质黏土	流塑	9	—	0.6
⑤层粉质黏土	软塑	12.5～17.5	—	0.60
⑥层粉质黏土	可塑	27.5	500	0.60
⑦$_{1-1}$层砂质粉土	中密	35	850	0.60

(2) 单桩竖向抗拔承载力估算

根据桩基础力学参数建议值进行估算，有效桩长 22.8 m 的 350 mm×350 mm 预制方桩的竖向抗拔承载力特征值仅为 485 kN。

4. 试桩方案

普通钻孔灌注桩抗拔桩试桩桩径 700 mm，桩长 35 m，桩端持力层为⑦层砂质粉土，理论计算得到的抗拔承载力极限值为 3 000 kN。注浆挤扩钻孔灌注桩抗拔桩试桩桩径 700 mm，桩长 30 m，桩端持力层为⑥层粉质黏土，最大加载值提高到 3 800 kN。试桩方案如表 6-8 和如图 6-5 所示。

表 6-8　上海虹桥万科中心试桩方案

桩型	根数	桩径/mm	桩长/m	持力层	最大加载值/kN
注浆挤扩钻孔灌注桩	3	700	30.0	⑥粉质黏土	3 800
钻孔灌注桩	3	700	35.0	⑦砂质粉土	3 000

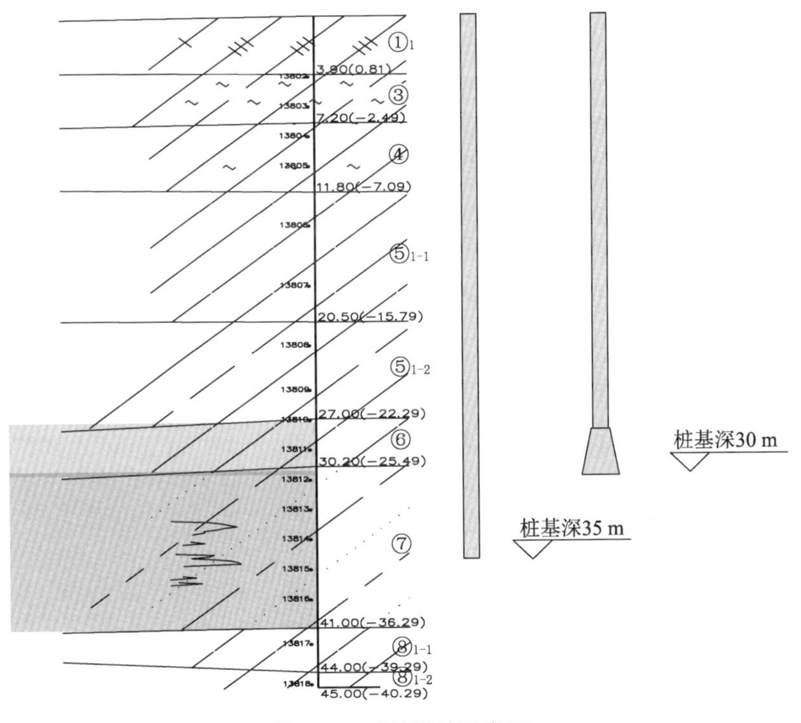

图 6-5　试桩设计示意图

5. 试验结果

试桩静载检测采用慢速维持荷载法，静载试验结果如图 6-6 所示。从图中可以看出，普通钻孔灌注桩试桩和注浆挤扩钻孔灌注桩加载到各自的加载值均未发生破坏。但是两者上拔变形差异非常明显：在同级荷载作用下，注浆挤扩桩灌注桩的上拔变形量仅为普通钻孔灌注桩的 50%左右，注浆挤扩钻孔灌注桩的承载性能明显优于普通钻孔灌注桩。

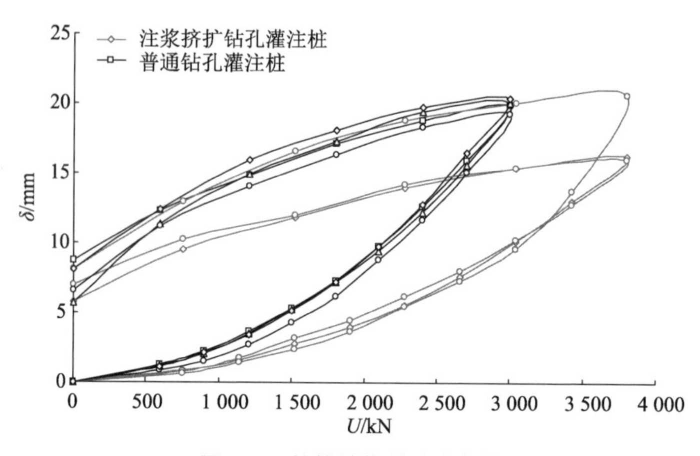

图 6-6　抗拔桩静载试验曲线

7 注浆成型挤扩钢管桩施工

7.1 施工工艺

根据桩身植入方法的不同，注浆成型挤扩钢管桩施工工艺分为钻孔植入桩身注浆成型工艺和静压植入桩身注浆成型工艺两种。

1. 钻孔植入桩身注浆挤扩成型施工工艺

采用钻孔植入桩身注浆成型工艺施工的注浆挤扩钢管桩属于复合式桩基础，其施工工艺原理与钻孔灌注桩施工工艺原理基本相似，只是采用钢管代替钢筋笼，并在钢管桩底端安装了束浆袋，增加了注浆挤扩成型环节，减少了混凝土灌注环节。即首先利用钻机成孔，成孔完成后，将安装有束浆袋的钢管桩植入钻孔中，再用水泥砂浆置换钻孔中的泥浆，待钻孔中水泥砂浆固化后，将高压水泥浆注入束浆袋中，束浆袋在高压水泥浆作用下扩张，挤压强化周围土体，最终在钢管桩底端周围形成水泥浆体挤扩段，大大增加钢管桩与周围土体的咬合作用(图 7-1)。

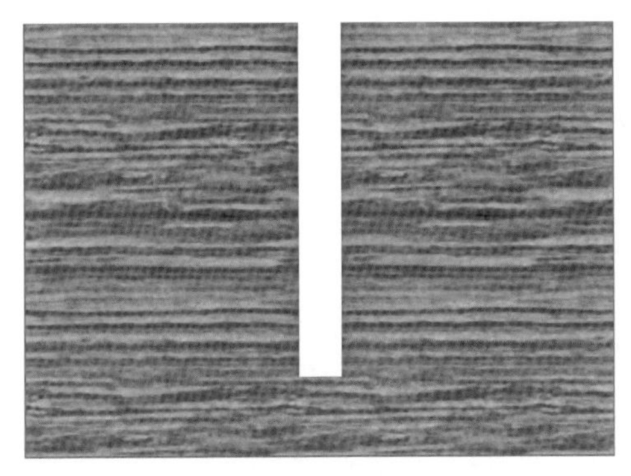
(a) 利用钻机成孔

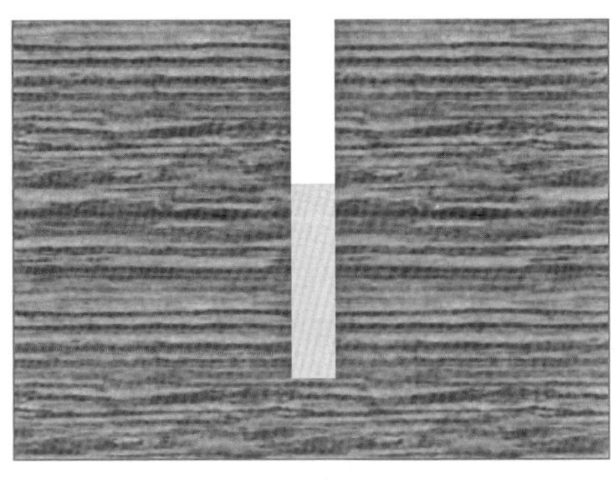
(b) 泥浆置换

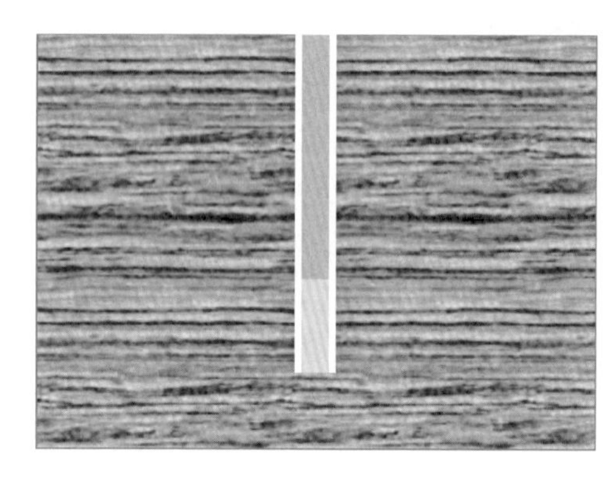

(c) 钢管桩植入

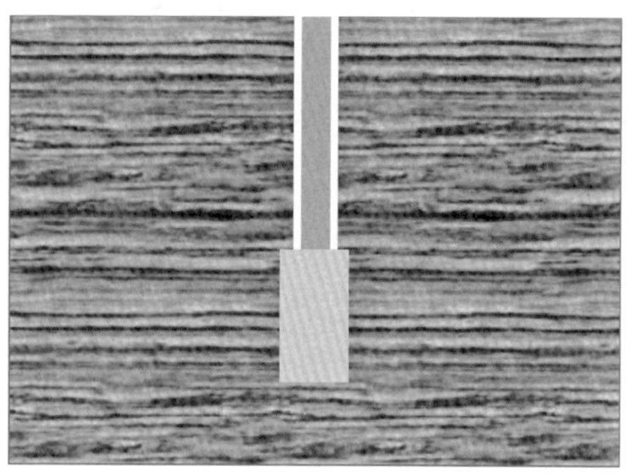

(d) 注浆挤扩

图 7-1 钻孔植入桩身注浆挤扩钢管桩工艺原理

2. 静压植入桩身注浆挤扩成型施工工艺

采用静压植入桩身注浆成型工艺施工的注浆挤扩钢管桩属于复合式桩基础，其施工工艺原理与静压预制桩施工工艺原理基本相似，只是采用钢管代替预制桩，并在钢管桩底端安装了束浆袋，增加了注浆挤扩成型环节(图 7-2)。即首先将束浆袋安装在钢管桩底端，然后采用静压桩机将安装有束浆袋的钢管桩沉入地基中，

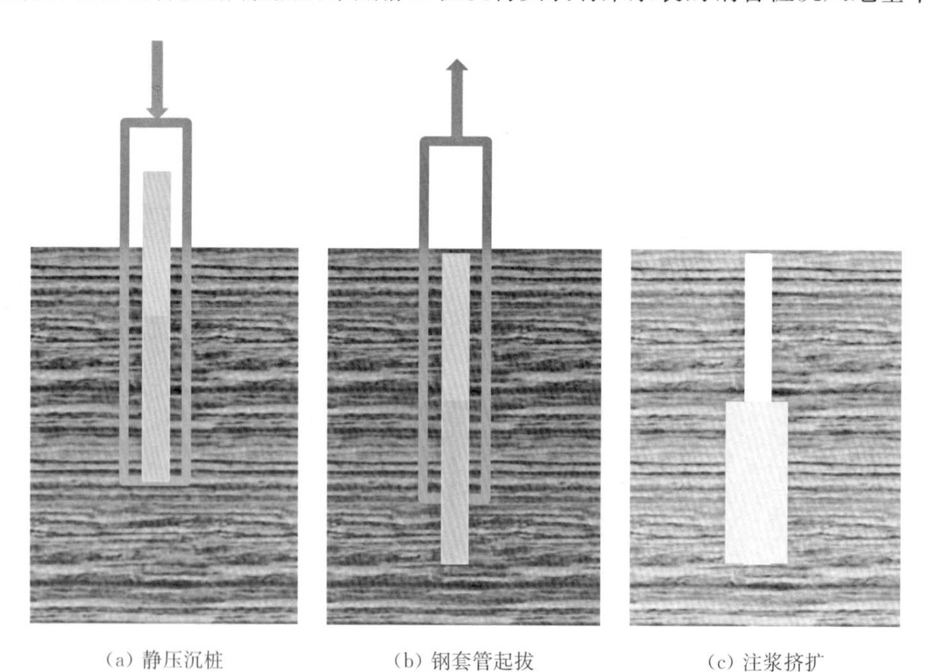

(a) 静压沉桩　(b) 钢套管起拔　(c) 注浆挤扩

图 7-2 静压植入桩身注浆挤扩钢管桩工艺原理

最后将高压水泥浆注入束浆袋中，束浆袋在高压水泥浆作用下扩张，挤压强化周围土体，最终在钢管桩底端周围形成水泥浆体挤扩段，大大增加钢管桩与周围土体的咬合作用。

7.2 施工流程

1. 钻孔植入桩身注浆挤扩成型施工流程

钻孔植入桩身注浆挤扩成型施工流程与普通钻孔灌注桩施工流程基本相同，只是将注浆挤扩施工相关作业穿插其中(图7-3)：

(1) 利用钻进工艺成孔；

(2) 在钢管桩底端安装束浆袋；

(3) 钻孔完成后，将安装有束浆袋的钢管桩放入钻孔中；

(4) 采用水泥砂浆置换钻孔中泥浆；

(5) 水泥砂浆养护完成后，将高压水泥浆注入束浆袋中；

(6) 束浆袋在高压水泥浆作用下不断扩张，挤压强化周围土体，最终在钢管桩底端形成水泥浆体挤扩段。

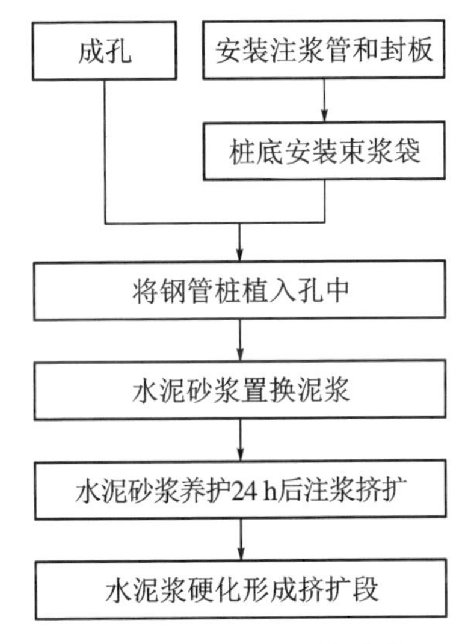

图 7-3 钻孔植入桩身注浆挤扩钢管桩施工流程

2. 静压植入桩身注浆挤扩成型施工流程

静压植入桩身注浆挤扩成型施工流程与普通预制桩静压沉桩施工流程基本相同，只是增加了注浆挤扩工作(图 7-4)：

(1) 在钢管桩底端安装束浆袋；

(2) 采用静压桩机将安装有束浆袋的钢管桩沉入地基中；

(3) 钢管桩沉桩到位后，将高压水泥浆注入束浆袋中；

(4) 束浆袋在高压水泥浆作用下不断扩张，挤压强化周围土体，最终在钢管桩底端形成水泥砂浆扩大头。

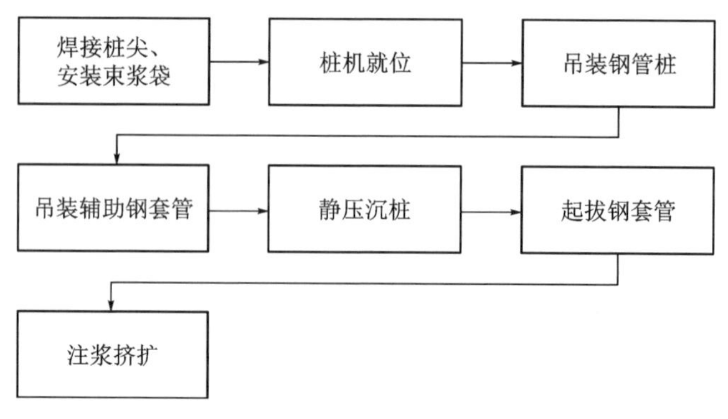

图 7-4 静压植入桩身注浆挤扩钢管桩施工流程

7.3 施工技术

根据桩身植入方式，注浆挤扩钢管桩有钻孔植入和静压植入两种方式，目前钻孔植入方式已经进行过工程试验，并成功应用于工程实践，下面将重点介绍钻孔植入方式的注浆挤扩钢管桩施工技术。

7.3.1 成孔

注浆挤扩钢管桩成孔施工与钻孔灌注桩基本相同，但是注浆挤扩钢管桩的成孔是为钢管桩植入创造条件，只要钢管桩能够顺利植入钻孔中即可，因此工序更为简单，可以省去清孔作业。目前，成孔主要有回转钻进、旋挖钻进和冲击钻进等三种工艺，这些工艺都非常成熟，关键要根据项目地质条件和当地设备情况，因地制宜地选择适合的成孔工艺。下面以正循环回转钻进工艺为例，介绍注浆挤扩钢管桩的成孔作业技术要求。

1. 测量定位

地坪施工完成后，以测绘院提供的红线点坐标作为控制点，采用全站仪进行桩位测量放线，群桩桩位误差不得大于 2 cm，单排桩误差不得大于 1 cm，用红漆标注桩位中心点并打设短钢筋作为标记，钻机对中时检查桩位和桩号。

2. 护筒安装

施工前要仔细研究地质勘察报告，深入了解回填土分布和深度及其稳定性，护筒应穿过不稳定的回填土。人工挖埋护筒前，用十字架将桩位引至地坪并做好标记。护筒挖好后，利用地坪上的标记在孔内中心点上打入钢筋标，作为钻机对中标记。

3. 钻机就位

钻机安装调试并验收合格后，通过铺设枕木、架设滚轮自行就位，并严格对中整平。钻机定位应准确、水平、稳固，回转盘中心与设计桩位中心偏差不应大于20 mm。钻机定位时，应校正钻架的垂直度，钻机对中调平并经监理验收合格后，方可进行钻进成孔。

4. 泥浆制备

泥浆性能要求如表 7-1 所示。

表 7-1　泥浆性能技术指标

泥浆性能	注入孔口	排出孔口
泥浆密度	≤1.15	≤1.30
漏斗黏度	18″～22″	20″～26″

5. 钻进成孔

开孔钻进时应先轻压、慢钻并控制泵量，进入正常工作状态后，逐渐加大转速和钻压。正常钻进时，应合理控制钻进参数以及泥浆性能指标。泥浆密度控制在1.25～1.30。在易塌地层中钻进时，应放慢转速及钻进速度，并适当调整泥浆性能。钻进深度超过 30 m 以后，减挡放慢转速及钻进速度，适当加大泥浆比重。具体钻进控制参数如表 7-2 所示。

表 7-2　正循环成孔钻进控制参数

地层	钻压/kPa	转速/($r \cdot min^{-1}$)	最小泥浆泵量/($m^3 \cdot h^{-1}$)	
			桩径<1 m	桩径>1 m
粉性土、黏性土	10～25	40～70	100	150
砂土	5～15	40	100	150

6. 桩孔验收

桩孔终孔后，应邀请现场监理对终孔深度、孔底沉渣、泥浆性能指标等进行验收。为确保钢管桩顺利植入，验收时要特别关注钻孔垂直度和孔径，验收合格后才能进入下道工序。钻孔成孔施工允许偏差如表 7-3 所示。

表 7-3 钻孔成孔施工允许偏差

<table>
<tr><th>项次</th><th colspan="3">项目</th><th>允许偏差</th><th>检测方法</th></tr>
<tr><td>1</td><td colspan="3">孔径</td><td>±50 mm</td><td>用井径仪或超声波测井仪</td></tr>
<tr><td>2</td><td colspan="3">垂直度</td><td><1%</td><td>用测斜仪或超声波测井仪</td></tr>
<tr><td>3</td><td colspan="3">孔深</td><td>0～+300 mm</td><td>核定钻头和钻杆高度或用测绳</td></tr>
<tr><td rowspan="4">4</td><td rowspan="4">桩位</td><td rowspan="2">$D \leqslant 1\,000$ mm</td><td>1～3 根桩、条形桩基垂直于轴线方向、群桩基础中的边桩</td><td>$D/6$ 且不大于 10 cm</td><td rowspan="2">基坑开挖后，重新测量</td></tr>
<tr><td>条形桩基沿轴线方向、群桩基础的中间桩</td><td>$D/4$ 且不大于 15 cm</td></tr>
<tr><td rowspan="2">$D > 1\,000$ m</td><td>1～3 根桩、条形桩基垂直于轴线方向、群桩基础中的边桩</td><td>$100+0.01H$</td><td rowspan="2">基坑开挖后，重新测量</td></tr>
<tr><td>条形桩基沿轴线方向、群桩基础的中间桩</td><td>$150+0.01H$</td></tr>
</table>

注：表中 D 为桩径，m；H 为桩长，m。

7.3.2 材料验收

(1) 钢管桩验收。严格检查钢管桩的外观质量、尺寸以及检验报告，查验产品合格证。

(2) 束浆袋验收。严格检查进场束浆袋的帆布质量、缝制质量和尺寸规格，确保束浆袋完整无损，查验产品合格证。

(3) 注浆管验收。严格检查注浆管的直径和壁厚，以及螺纹加工质量，查验产品合格证。

7.3.3 挤扩装置安装

(1) 束浆袋安装。首先采用汽车吊将钢管桩吊起，然后套装束浆袋。束浆袋按照设计要求就位以后，采用 14 号铁丝将两端固定在钢管桩上，中间每隔 1 m 用细铁丝或胶带收束，以便束浆袋顺利下放。

（2）注浆管安装。束浆袋就位后，将注浆管通过袖管插入束浆袋底，将束浆袋内空气排除后，将注浆袖管绑扎、密封。在钢管桩下放过程中，穿插进行注浆管安装。注浆管采用螺纹连接，接头采用生胶带处理，防止泥浆进入和漏浆。注浆管连接完成后，将其每间隔 2.0～3.0 m 采用 10 号铁丝固定在钢管桩上。

7.3.4 泥浆置换

钢管桩植入前，先将注浆软管放入孔底，压注水灰比为 0.65 的水泥浆，置换孔中泥浆。水泥浆的体积根据设计的钢管桩与钻孔之间的间隙确定，并留有一定余量，一般为钢管桩与钻孔间隙的 1.5 倍。

7.3.5 钢管桩植入

水泥浆置换泥浆完成后，立即将钢管桩植入钻孔中，钢管桩植入采用汽车吊进行。首先将钢管桩立起，然后吊至孔口上方，最后缓慢放入（图 7-5）。钢管桩起吊和植入过程中，注意保护束浆袋不被损坏。

图 7-5　钢管桩植入

7.3.6 注浆挤扩

钢管桩植入完成、孔中水泥浆养护 24 h 后，开始注浆挤扩。注浆挤扩严格按照第 3 章中“挤扩桩注浆成型施工技术”的要求进行，重点把控以下环节：

（1）水泥验收。水泥进场要按照规范要求进行验收，应有出厂质量证明书并复试合格。

（2）配合比控制。水灰比为 0.55，要采用简单易行的方法控制用水量，如采用水位标记控制用水量，方便工人操作；比重计测量水泥浆比重。

（3）注浆量控制。注浆量要满足设计要求。每根桩注浆挤扩要独立进行，严禁多根桩注浆挤扩共用一个储浆桶（池），确保注浆量计量准确。

（4）注浆压力控制。注浆挤扩要平稳进行，注浆宜分 3 次进行，每次注浆量为总注浆量的 1/3，中间间隔 15～20 min；注浆流量控制在 70 L/min 以下；注浆压力控制在 2.5 MPa 以下，如中途压力达到 1.5 MPa，应暂停注浆，待 15～20 min 后，再次注浆，直至设计注浆量压注完成。

7.4 工程试验

为验证注浆挤扩钢管桩施工工艺的可行性，2014 年 4 月和 2015 年 8 月先后在上海周康航拓展基地 C-04-01 动迁房安置项目地下车库与上海建工医院 3 号楼地下车库工程进行了工程试验。工程试验结果表明，注浆挤扩钢管桩技术上是可行的，承载性能是优异的，在环境保护要求高的情况下，可以代替钻孔灌注桩作为地下室抗拔桩。下面以上海建工医院 3 号楼为例作进一步介绍。

7.4.1 工程概况

1. 建筑概况

本项目地处上海市虹口区，中山北一路 666 号。3 号楼总建筑面积为 8 507.4 m^2，其中地上 6 000 m^2，地下 2 507.4 m^2。结构地上 6 层，地下 1 层，建筑屋面高度 24 m，为多层框架-剪力墙结构。

2. 地质概况

场地地基土按成因类型、形成时代、工程性质并根据上海市《岩土工程勘察规范》(DGJ 08—37—2012)自上而下可分为 8 层。

①层杂填土：杂色，土质松散，由碎石、碎砖及黏性土混杂而成，一般厚度 1.60～2.30 m，平均 1.87 m。

②$_2$层粉质黏土夹黏质粉土：滨海～河口相沉积，灰黄色，饱和，可塑，中等压缩性，含铁锰质氧化斑点，无摇振反应，稍有光泽，干强度中等、韧性中等，一般厚度 0.50～1.60 m，平均 0.97 m。

②$_3$层砂质粉土：滨海～河口相沉积，灰色，饱和，松散，中等压缩性，含云母及少量氧化铁斑点，摇振反应迅速，无光泽反应，干强度低、韧性低，一般厚度 5.60～7.60 m，平均 6.41 m。

④层淤泥质黏土：滨海～浅海相沉积，灰色，饱和，流塑，高等压缩性，含云母，偶夹薄层粉性土，无摇振反应，光泽反应光滑，干强度高、韧性高，一般厚度 7.40～9.10 m，平均 8.49 m。

⑤层粉质黏土：滨海～沼泽相沉积，灰色，饱和，流～软塑，中等偏高等压缩性，含云母，夹薄层粉性土，无摇振反应，稍有光泽，干强度中等、韧性中等，一般厚度 6.40～7.40 m，平均 6.92 m。

⑥层粉质黏土：河口～湖泽相沉积，暗绿色，湿，可塑，中等压缩性，含铁锰质氧化斑点，无摇振反应，稍有光泽，干强度中等、韧性中等，一般厚度 3.70～4.10 m，

平均 3.88 m。

⑦层黏质粉土：河口～滨海相沉积，灰黄色，饱和，中密，中等压缩性，含云母，夹薄层黏性土，土质不均，摇振反应中等，无光泽，干强度低，韧性低，一般厚度 3.80～6.10 m，平均 4.92 m。

⑧层粉质黏土夹黏质粉土：滨海～浅海相沉积，灰色，很湿～饱和，可塑，中等压缩性，含云母，夹薄层粉性土，无摇振反应，稍有光泽，干强度中等、韧性中等，本层至 40.0 m 未钻穿。

各土层的主要物理力学参数详见表 7-4。

表 7-4　各土层的主要物理力学参数

土层名称	天然密度 $/(kN\cdot m^{-3})$	标准贯入试实测平均值 N	固结快剪		承载力特征值建议值 f_{ak}/kPa
			黏聚力 c/kPa	内摩擦角 $\varphi/(°)$	
①杂填土	—	—	—	—	—
②$_2$层粉质黏土	18.5	—	17	20.5	80
②$_3$层砂质粉土	18.1	7.2	3	30.5	90
④层淤泥质黏土	16.7	—	11	10.5	50
⑤层粉质黏土	17.8	—	15	18	—
⑥层粉质黏土	19.6	—	47	16	—
⑦层黏质粉土	19.3	19.8	4	29	—
⑧层粉质黏土	19.2	—	—	—	—

3. 单桩竖向抗拔承载力估算

（1）估算参数

根据现场勘察资料，参照上海市《岩土工程勘察规范》(DGJ 08—37—2012)，综合确定各土层的桩侧极限摩阻力标准值 q_{sa} 和桩端极限端阻力标准值 q_{pa}，详见表 7-5。

表 7-5　桩基础力学参数建议值

土层名称	岩土状态	预制桩		钻孔灌注桩		抗拔系数 λ
		桩侧阻力标准值 f_s/kPa	桩端阻力标准值 f_p/kPa	桩侧阻力标准值 f_s/kPa	桩端阻力标准值 f_p/kPa	
①杂填土	松散	—	—	—	—	—

（续表）

土层名称	岩土状态	预制桩		钻孔灌注桩		抗拔系数 λ
		桩侧阻力标准值 f_s/kPa	桩端阻力标准值 f_p/kPa	桩侧阻力标准值 f_s/kPa	桩端阻力标准值 f_p/kPa	
②$_2$层粉质黏土	可塑	15	—	15	—	0.70
②$_3$层砂质粉土	松散	15～30	—	15～25	—	0.60
④层淤泥质黏土	流塑	25	700	20	—	0.70
⑤层粉质黏土	流～软塑	35	—	30	—	0.70
⑥层粉质黏土	可塑	65	1 700	55	800	0.70
⑦层黏质粉土	中密	75	4 200	60	1350	0.60

（2）单桩竖向抗拔承载力估算

根据勘察孔 G2 的岩土力学参数，桩顶入土深度 4.7 m，参照上海市《地基基础设计规范》（DGJ 08—11—2010）中式（7.2.9-2）估算，单桩竖向抗拔承载力标准值估算结果见表 7-6。

表 7-6 单桩竖向抗拔承载力估算结果

桩型	桩径/mm	桩长/m	桩端持力层	单桩极限承载力标准值 R_k/kN
预制方桩	350×350	22	⑥层粉质黏土	744
钻孔灌注桩	ϕ 550			842
预制方桩	400×400	25	⑦层黏质粉土	1 108
钻孔灌注桩	ϕ 550			1 070

7.4.2 试桩方案

原设计抗压桩采用ϕ 600 mm 钻孔灌注桩，有效桩长 26 m，持力层为⑦层灰黄色黏质粉土，单桩抗压承载力特征值为 900 kN。

3 根抗拔桩试桩采用ϕ 300 mm 注浆成型挤扩钢管桩，试桩后兼作工程桩，桩长 26 m，持力层为⑥层暗绿色粉质黏土，桩身选用 Q345B 直缝钢管，外径为 219 mm，壁厚为 8 mm，束浆袋长 8 m，直径 600 mm。试验加载值为 1 070 kN。试桩方案详见表 7-7 和图 7-6。

表 7-7 上海建工医院 3 号楼试桩方案

桩 型	根数	桩径/mm	桩长/m	钢管桩/mm	持力层	试验加载值/kN
注浆挤扩钢管桩	3	300	26	ϕ 219/8	⑥层暗绿色粉质黏土	1 070

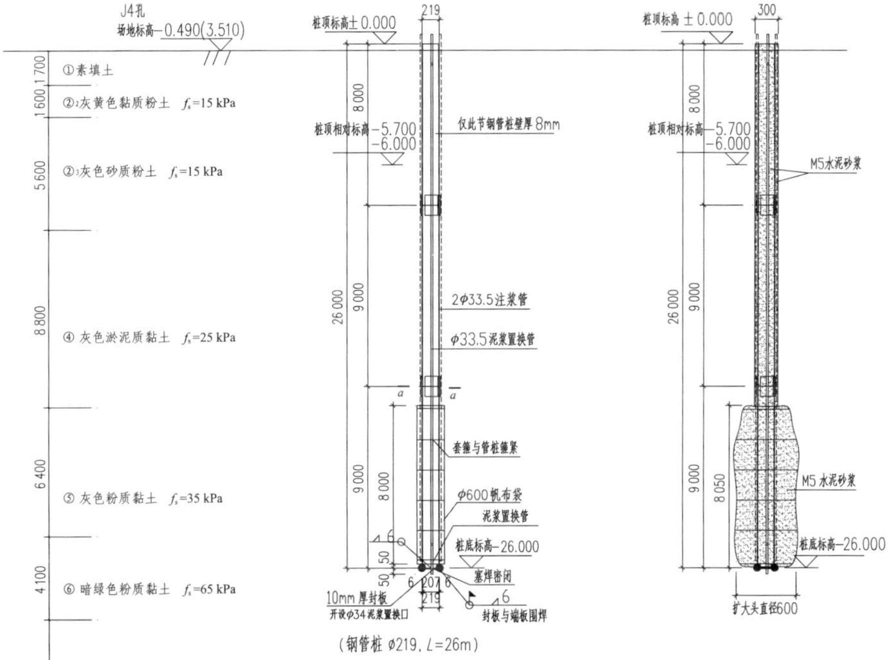

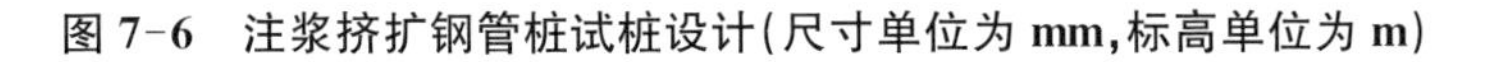

(a) 土层分布　　(b) 试桩桩身大样图　　(c) 试桩扩底成型图

图 7-6 注浆挤扩钢管桩试桩设计(尺寸单位为 mm,标高单位为 m)

7.4.3 试验结果

3 根试验桩静载检测结果如表 7-8 和图 7-7 所示。从图表中可以看出,注浆挤扩钢管桩试桩加载到各自的加载值都未发生破坏,加载到 1 070 kN,桩顶最大上拔量分别为 8.08 mm,9.52 mm,15.01 mm,桩顶回弹量分别为 5.53 mm,5.86 mm,9.15 mm,回弹率分别为 68.44%,61.55%,60.96%,说明试桩仍然处于弹性变形阶段,还有较大的承载潜力。

表 7-8 注浆挤扩钢管桩抗拔静载试验成果

试桩编号	最大试验载荷/kN	桩顶最大上拔量/mm	卸荷后桩顶回弹量/mm	回弹率/%	抗拔承载力检测值/kN
SZ3-1	1 070	8.08	5.53	68.44	1 070
SZ3-2	1 070	9.52	5.86	61.55	1 070
SZ3-3	1 070	15.01	9.15	60.96	1 070

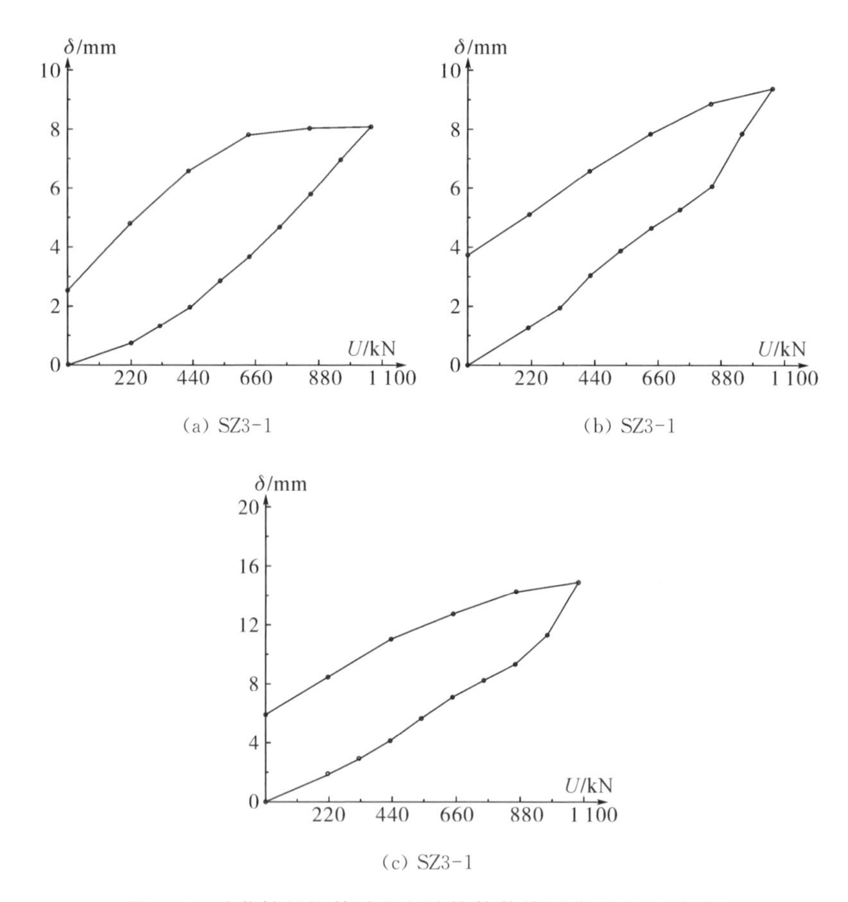

图 7-7 注浆挤扩钢管桩竖向抗拔静载检测曲线(U-δ 曲线)

8 注浆成型挤扩预应力管桩施工

8.1 施工工艺

采用钻孔植入桩身注浆成型工艺施工的挤扩预应力管桩（PHC 管桩）属于复合式桩基础，其施工工艺原理与钻孔灌注桩施工工艺原理基本相似，只是采用 PHC 管代替钢筋笼，并在 PHC 管桩底端安装了束浆袋，增加了注浆挤扩成型环节，减少了混凝土灌注环节。即首先利用钻机成孔，然后采用水泥浆置换孔中泥浆，再将安装有束浆袋的 PHC 管桩放入钻孔中，最后待钻孔中水泥浆固化后，将高压水泥浆注入束浆袋中，束浆袋在高压水泥浆作用下扩张，挤压强化周围土体，最终在 PHC 管桩底端周围形成水泥砂浆扩大头，大大增加 PHC 管桩与周围土体的咬合作用（图 8-1）。

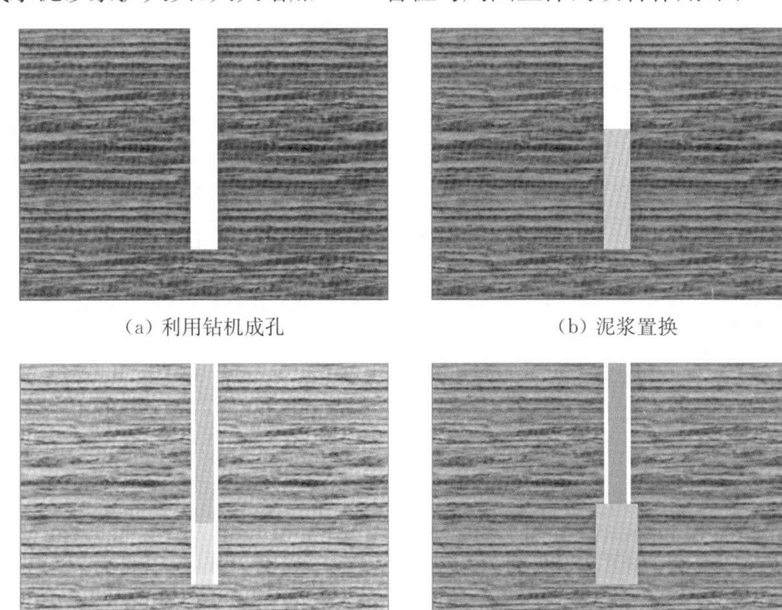
(a) 利用钻机成孔　(b) 泥浆置换

(c) PHC 管桩植入　(d) 注浆挤扩

图 8-1　注浆挤扩 PHC 管桩工艺原理

8.2 施工流程

注浆挤扩 PHC 管桩施工总体工艺流程(图 8-2)如下:

(1) 利用钻进工艺成孔;

(2) 在 PHC 管桩底端安装束浆袋;

(3) 采用水泥浆置换钻孔中泥浆;

(4) 将安装有束浆袋的 PHC 管桩植入钻孔中;

(5) 水泥浆养护 24 h 后,将高压水泥浆注入束浆袋中;

(6) 束浆袋在高压水泥砂浆作用下不断扩张,挤压强化周围土体,最终在 PHC 管桩底端形成水泥浆扩大头。

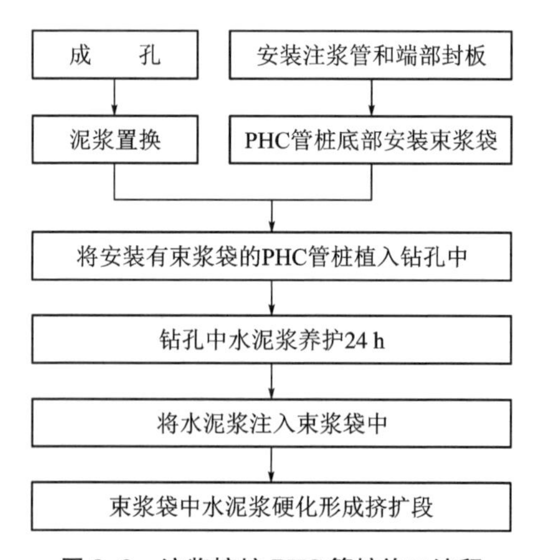

图 8-2 注浆挤扩 PHC 管桩施工流程

8.3 施工技术

8.3.1 成孔

注浆挤扩 PHC 管桩成孔施工与钻孔灌注桩基本相同,但是注浆挤扩 PHC 管桩的成孔是为 PHC 管桩植入创造条件,只要 PHC 管桩能够顺利植入钻孔中即可,因此工序更为简单,可以省去清孔作业。目前,成孔工艺主要有回转钻进、旋挖钻进和冲击钻进等三种工艺，这些工艺都非常成熟，关键要根据项目地质条件和当地设备情况，因地制宜地选择适合的成孔工艺。下面以正循环回转钻进工艺为例，介绍注浆挤扩 PHC 管桩的成孔作业技术要求。

1. 测量定位

地坪施工完成后，以测绘院提供的红线点坐标作为控制点，采用全站仪进行桩位测量放线，群桩桩位误差不得大于 2 cm，单排桩误差不得大于 1 cm，用红漆标注桩位中心点并打设短钢筋作为标记，钻机对中时检查桩位和桩号。

2. 护筒安装

施工前要仔细研究地质勘察报告，深入了解回填土分布和深度及其稳定性，护筒应穿过不稳定的回填土。人工挖埋护筒前，用十字架将桩位引至地坪并做好标记。护筒挖好后，利用地坪上的标记在孔内中心点上打入钢筋标，作为钻机对中标记。

3. 钻机就位

钻机安装调试并验收合格后，通过铺设枕木、架设滚轮自行就位，并严格对中整平。钻机定位应准确、水平、稳固，回转盘中心与设计桩位中心偏差不应大于 20 mm。钻机定位时，应校正钻架的垂直度，钻机对中调平并经监理验收合格后，方可进行钻进成孔。

4. 泥浆制备

泥浆性能要求如表 8-1 所示。

表 8-1　泥浆性能技术指标

泥浆性能	注入孔口	排出孔口
泥浆密度	≤1.15	≤1.30
漏斗黏度	18″～22″	20″～26″

5. 钻进成孔

开孔钻进时应先轻压、慢钻并控制泵量，进入正常工作状态后，逐渐加大转速和钻压。正常钻进时，应合理控制钻进参数以及泥浆性能指标。泥浆密度控制在 1.25～1.30。在易塌地层中钻进时，应放慢转速及钻进速度，并适当调整泥浆性能。钻进深度超过 30 m 以后，减挡放慢转速及钻进速度，适当加大泥浆比重。具体钻进控制参数如表 8-2 所示。

表 8-2　正循环成孔钻进控制参数

地层	钻压/kPa	转速/$(r\cdot min^{-1})$	最小泥浆泵量/$(m^3\cdot h^{-1})$	
			桩径＜1 m	桩径＞1 m
粉性土、黏性土	10～25	40～70	100	150
砂土	5～15	40	100	150

6. 桩孔验收

桩孔终孔后，应邀请现场监理对终孔深度、孔底沉渣、泥浆性能指标等进行验收。为确保 PHC 管桩顺利植入，验收时要特别关注钻孔垂直度和孔径。验收合格后才能进入下道工序。钻孔成孔施工允许偏差如表 8-3 所示。

表 8-3　钻孔成孔施工允许偏差

<table>
<tr><th>项次</th><th colspan="3">项目</th><th>允许偏差</th><th>检测方法</th></tr>
<tr><td>1</td><td colspan="3">孔径</td><td>±50 mm</td><td>用井径仪或超声波测井仪</td></tr>
<tr><td>2</td><td colspan="3">垂直度</td><td>＜1%</td><td>用测斜仪或超声波测井仪</td></tr>
<tr><td>3</td><td colspan="3">孔深</td><td>0～+300 mm</td><td>核定钻头和钻杆高度或用测绳</td></tr>
<tr><td rowspan="4">4</td><td rowspan="4">桩位</td><td rowspan="2">$D\leqslant 1\ 000$ mm</td><td>1～3 根桩、条形桩基垂直于轴线方向、群桩基础中的边桩</td><td>$D/6$ 且不大于 10 cm</td><td rowspan="2">基坑开挖后，重新测量</td></tr>
<tr><td>条形桩基沿轴线方向、群桩基础的中间桩</td><td>$D/4$ 且不大于 15 cm</td></tr>
<tr><td rowspan="2">$D>1\ 000$ mm</td><td>1～3 根桩、条形桩基垂直于轴线方向、群桩基础中的边桩</td><td>$100+0.01H$</td><td rowspan="2">基坑开挖后，重新测量</td></tr>
<tr><td>条形桩基沿轴线方向、群桩基础的中间桩</td><td>$150+0.01H$</td></tr>
</table>

注：表中 D 为桩径，m；H 为桩长，m。

8.3.2　材料验收

（1）管桩验收。严格检查 PHC 管桩的外观质量、尺寸以及检验报告，查验产品合格证。

(2) 束浆袋验收。严格检查进场束浆袋的帆布质量、缝制质量和尺寸规格，确保束浆袋完整无损，查验产品合格证。

(3) 注浆管验收。严格检查注浆管的直径和壁厚，以及螺纹加工质量，查验产品合格证。

8.3.3 挤扩装置安装

(1) 束浆袋安装。首先采用汽车吊将PHC管桩吊起，然后套装束浆袋。束浆袋按照设计要求就位以后，采用14号铁丝将两端固定在PHC管桩上，中间每隔1 m用细铁丝或胶带收束，以便束浆袋顺利下放。

(2) 注浆管安装。束浆袋就位后，将注浆管通过袖管插入束浆袋底，将束浆袋内空气排除后，将注浆袖管绑扎、密封。在PHC管桩下放过程中，穿插进行注浆管安装(图8-3)。注浆管采用螺纹连接，接头采用生胶带处理，防止泥浆进入和漏浆。注浆管连接完成后，将其每间隔2.0～3.0 m采用10号铁丝固定在PHC管桩上。

图8-3 注浆管安装

8.3.4 泥浆置换

PHC管桩植入前，先将注浆软管放入孔底，压注水灰比为0.65的水泥浆，置换孔中泥浆。水泥浆的体积根据设计的PHC管桩与钻孔之间的间隙确定，并留有一定余量，一般为PHC管桩与钻孔间隙的1.5倍。

8.3.5 PHC管桩植入

水泥浆置换泥浆完成后，立即将PHC管桩植入钻孔中，PHC管桩植入采用汽车吊进行。首先将PHC管桩立起，然后吊至孔口上方，最后缓慢放入(图8-4)。PHC管桩起吊和植入过程中，注意保护束浆袋不被损坏。

图 8-4　PHC 管桩植入

8.3.6　注浆挤扩

PHC 管桩植入完成、孔中水泥浆养护 24 h 后，开始注浆挤扩。注浆挤扩严格按照第 3 章中“挤扩桩注浆成型施工技术”的要求进行，重点把控以下环节：

(1) 水泥验收。水泥进场要按照规范要求进行验收，应有出厂质量证明书并复试合格。

(2) 配合比控制。水灰比为 0.55，要采用简单易行的方法控制用水量，如采用水位标记控制用水量，方便工人操作；比重计测量水泥浆比重。

(3) 注浆量控制。注浆量要满足设计要求。每根桩注浆挤扩要独立进行，严禁多根桩注浆挤扩共用一个储浆桶(池)，确保注浆量计量准确。

(4) 注浆压力控制。注浆挤扩要平稳进行，注浆宜分 3 次进行，每次注浆量为总注浆量的 1/3，中间间隔 15～20 min；注浆流量控制在 70 L/min 以下；注浆压力控制在 2.5 MPa 以下，如中途压力达到 1.5 MPa，应暂停注浆，待 15～20 min 后，再次注浆，直至设计注浆量压注完成。

8.4 工程试验

为了检验注浆挤扩 PHC 管桩工艺的技术可行性，完善注浆挤扩 PHC 管桩技术，在上海万科房地产有限公司和上海建工医院等建设单位支持下，先后在上海万科七宝 35 号二期地块(万科七宝国际)和上海建工医院 3 号楼等项目进行了工程试验。工程试验结果表明，注浆挤扩 PHC 管桩技术上是可行的，承载性能是优异的，在环境保护要求高的情况下，可以代替钻孔灌注桩。下面以上海建工医院 3 号楼为例作进一步介绍。

8.4.1 工程概况

建筑概况、地质概况见 7.4.1 节。

根据勘察孔 G1 的岩土力学参数，桩顶入土深度 4.7 m，参照上海市《地基基础设计规范》(DGJ 08—11—2010)中式(7.2.4-1)估算，单桩竖向抗压承载力估算结果见表 8-4。

表 8-4 单桩竖向抗压承载力估算结果

桩型	桩径/mm	有效桩长(m)	桩端持力层	单桩极限承载力标准值 R_k/kN
预制方桩	350×350	22	⑥ 层粉质黏土	1 196
PHC 管桩	ϕ 400			1 100
钻孔灌注桩	ϕ 550			1 213
预制方桩	400×400	25	⑦ 层黏质粉土	2 133
PHC 管桩	ϕ 500			2 259
钻孔灌注桩	ϕ 550			1 639

8.4.2 试桩方案

原设计抗压桩采用ϕ 600 mm 钻孔灌注桩，有效桩长 26 m，持力层为⑦层灰黄色黏质粉土，单桩抗压承载力特征值为 900 kN。

为检验注浆挤扩 PHC 管桩的承载性能和施工工艺可行性，进行了注浆挤扩 PHC 管桩试桩。抗压桩采用ϕ 400 mm 注浆挤扩 PHC 管桩，试桩桩长 31 m，持力层为⑦层灰黄色黏质粉土，管桩选用 PHC-AB-300-70，束浆袋长 8 m，直径

600 mm。试验加载值为 2 000 kN。试桩方案详见表 8-5 和图 8-5。

表 8-5 上海建工医院 3 号楼试桩方案

桩 型	根数	桩径 /mm	桩长 /m	PHC 管桩	持力层	试验加载值 /kN
注浆挤扩 PHC 管桩	3	400	31	PHC-AB-300-70	⑦ 层灰黄色黏质粉土	2 000

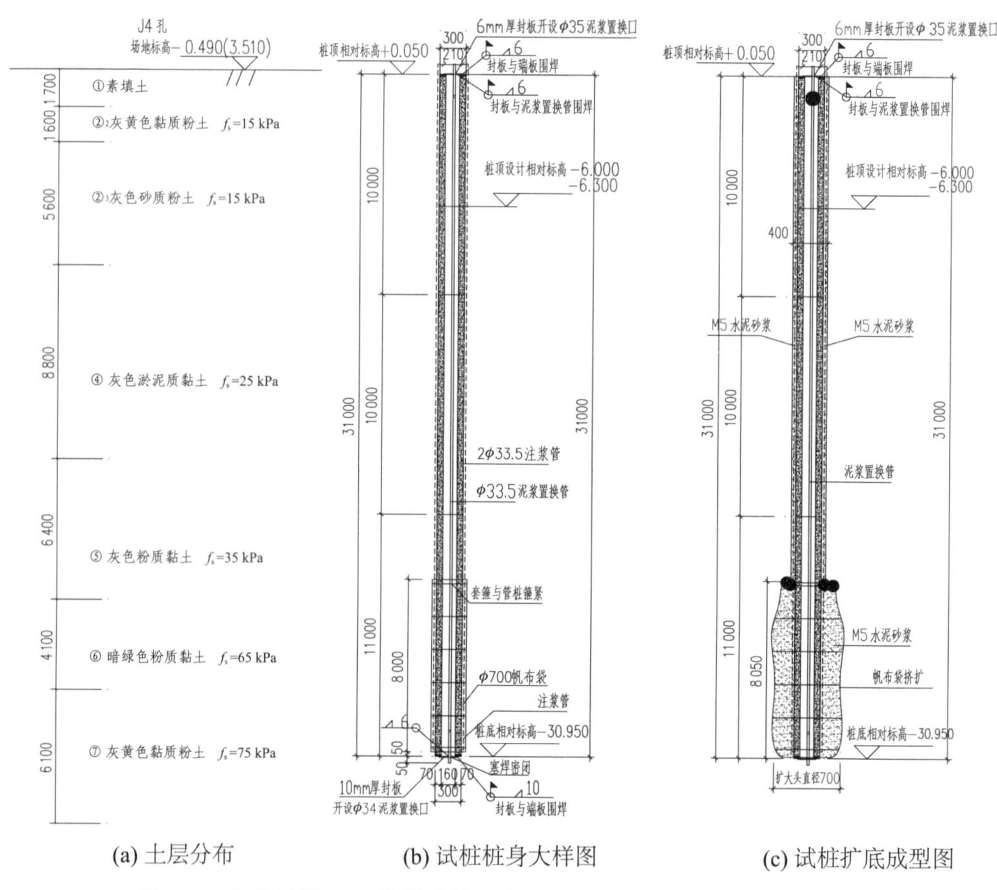

(a) 土层分布　　(b) 试桩桩身大样图　　(c) 试桩扩底成型图

图 8-5 注浆挤扩 PHC 管桩试桩设计(尺寸单位为 mm,标高单位为 m)

8.4.3 试验结果

3 根试验桩静载检测结果如表 8-6 和图 8-6 所示。从图表中可以看出,注浆挤扩 PHC 管桩试桩加载到各自的加载值都未发生破坏,加载到 2 000 kN,桩顶最大沉降量分别为 18.72 mm,16.46 mm,26.14 mm,桩顶回弹量分别为 10.25 mm,11.65 mm,18.11 mm,回弹率分别为 54.75%,70.78%,69.28%,说明试桩仍然处于弹性变形阶段,还有较大的承载潜力。

表 8-6 注浆挤扩 PHC 管桩抗压静载试验成果

桩号	桩径/mm	试桩桩长/m	最大试验荷载/kN	最大沉降量/mm	卸荷后残余沉降量/mm	卸荷后回弹率/%	单桩竖向抗压承载力检测值/kN
SZ1-1	400	31	2 000	18.72	8.47	54.75	2 000
SZ1-2	400	31	2 000	16.46	4.81	70.78	2 000
SZ1-3	400	31	2 000	26.14	8.03	69.28	2 000

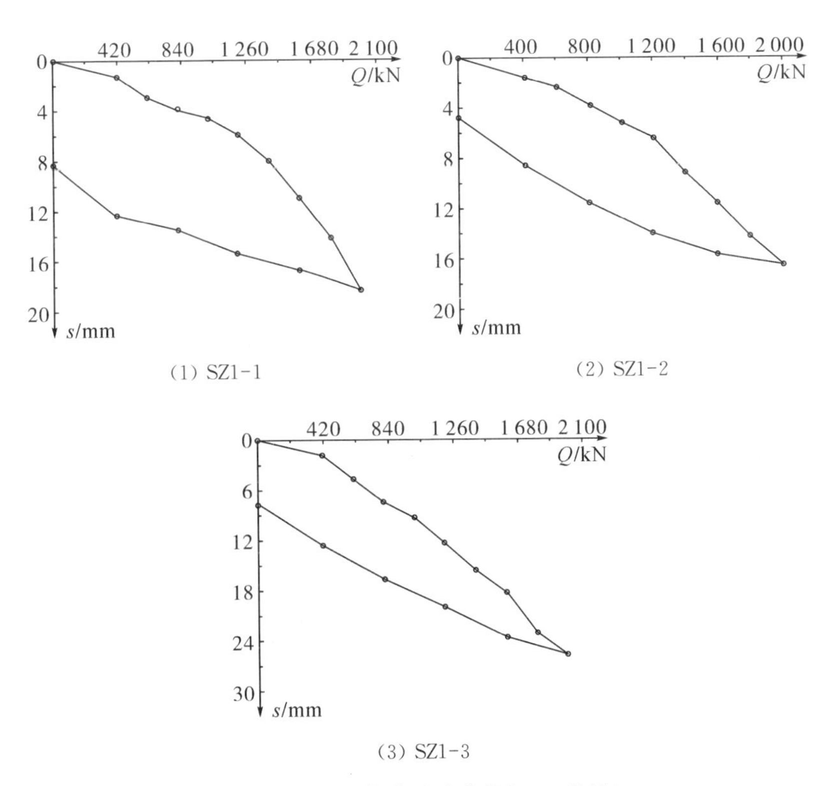

图 8-6 抗压静载试验曲线(Q-s 曲线)

对照详勘报告中单桩竖向抗压承载力估算结果,有效桩长 25 m、ϕ 550 mm 钻孔灌注桩的单桩竖向抗压极限承载力标准值为 1 639 kN;有效桩长 25 m、ϕ 400 mm 注浆挤扩 PHC 管桩的单桩竖向抗压极限承载力标准值超过 2 000 kN,且存在较大的抗压承载潜力,说明注浆挤扩 PHC 管桩承载性能较普通钻孔灌注桩更为优异。

9 工程应用

9.1 深圳坪山世茂中心

9.1.1 工程概况

深圳坪山世茂中心项目是集公寓、办公和大型商业为一体的综合性建筑群体(图 9-1),包括 1 栋高层公寓、商业裙楼和 1 栋 62 层、高约 302 m 的超高层塔楼。商业裙楼占地面积约为 22 000 m^2,地下 4 层,地上 2～4 层,抗浮要求非常高。

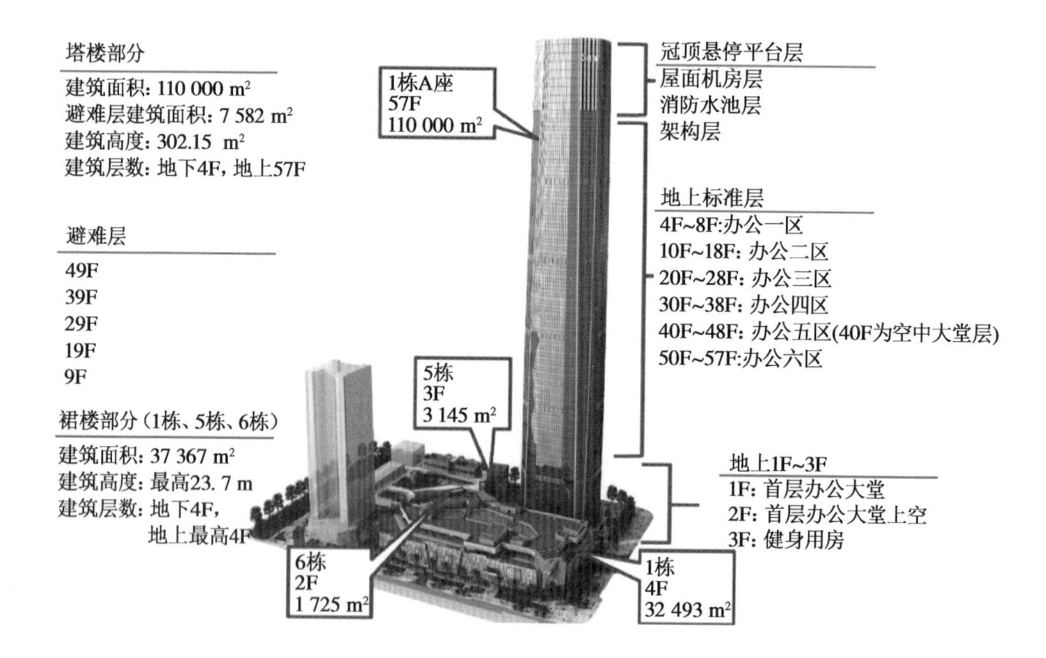

图 9-1 深圳坪山世茂中心工程概况

9.1.2 地质概况

本场地地层分布及土层的主要物理力学参数、桩基础力学参数建议值详见本书 4.3.1 节。

9.1.3 试桩设计

设计最初选择普通钻孔灌注桩作为地下室抗拔桩，桩径为 800 mm，有效桩长 25 m，桩端持力层为⑦粉质黏土，抗拔承载力特征值预估为 1 050 kN。在深圳市专家和设计单位的支持下，进行了注浆挤扩钻孔灌注桩作为地下室抗拔桩的探索。注浆挤扩钻孔灌注桩桩径为 800 mm，有效桩长为 18 m，桩端持力层为⑦粉质黏土，注浆挤扩段主要处于⑦粉质黏土中，长度为 6.0 m，外径为 1 000 mm，抗拔承载力特征值预估为 2 000 kN。为此进行了两种桩型各 3 根设计试桩。为准确获得桩基的抗拔承载力，采用双套管将基础底板底以上桩身与周围土体隔离。

9.1.4 试桩结果

6 根试桩的静载试验结果详见表 9-1、表 9-2 和图 9-2、图 9-3。试桩检测都没有达到承载力极限，但是对比可以发现，注浆挤扩钻孔灌注桩较传统钻孔灌注桩承载性能更为优异，具有承载潜力大、上拔变形小的优点。注浆挤扩钻孔灌注桩试桩 ZJSZ1 加载至 6 000 kN 仍然没有发生破坏，只是上拔量比较大，达到 43 mm，卸荷回弹率只有 35.18%，说明试验荷载已经接近桩基承载力极限。注浆挤扩钻孔灌注桩试桩 ZJSZ2 加载至 5 600 kN，因为天降大雨，地基发生破坏而终止加载，桩基上拔量最小，只有 6.44 mm，卸荷回弹率达到 86.80%，说明桩基仍然处于弹性变形阶段，该试桩存在较大的承载潜力。注浆挤扩钻孔灌注桩试桩 ZJSZ3 加载至4 800 kN，因为钢筋出现断裂而终止加载，桩基上拔量非常小，只有 9.25 mm，卸荷回弹率比较高，达到 87.35%，说明桩基仍然处于弹性变形阶段，具有较大的承载潜力。

表 9-1 普通钻孔灌注桩静载试验结果

桩号	最大试验荷载/kN	最大上拔量/mm	回弹率/%	承载力极限值/kN
SBZ1	4 800	57.65	37.57	4 500
SBZ2	3 600	15.00	75.53	3 600
SBZ3	3 600	14.90	62.62	3 600

表 9-2　注浆挤扩钻孔灌注桩静载试验结果

桩号	最大试验荷载/kN	最大上拔量/mm	回弹率/%	承载力极限值/kN
ZJSZ1	6 000	43.01	35.18	≥6 000
ZJSZ2	5 600	6.44	86.80	≥5 600
ZJSZ3	4 800	9.25	87.35	≥4 800

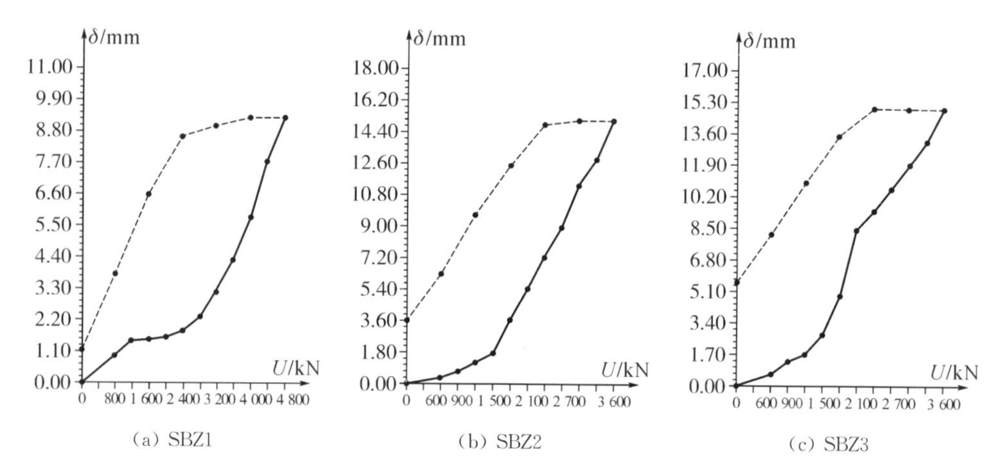

(a) SBZ1　(b) SBZ2　(c) SBZ3

图 9-2　普通钻孔灌注桩试桩静载检测曲线(U-δ 曲线)

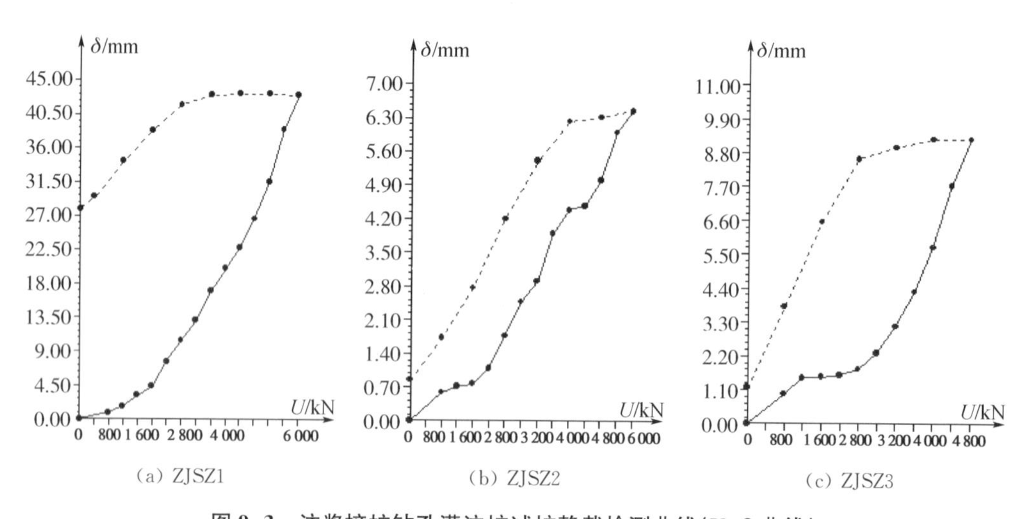

(a) ZJSZ1　(b) ZJSZ2　(c) ZJSZ3

图 9-3　注浆挤扩钻孔灌注桩试桩静载检测曲线(U-δ 曲线)

9.1.5 应用情况

根据试桩结果并通过专家论证，设计最终采用注浆挤扩钻孔灌注桩作为地下室抗拔桩。为慎重起见，在试桩基础上有效桩长增加了 2.0 m。因此，实际使用的注浆挤扩钻孔灌注桩的有效桩长为 20 m，桩径为 800 mm，挤扩段直径为 1 000 mm，长度为 6.0 m，单桩抗拔承载力特征值取 2 200 kN。在建设、监理和施工单位共同努力下，2020 年 1 月 8 日注浆挤扩钻孔灌注桩施工完成，2021 年 2 月 4 日顺利通过深圳市建设工程质量检测中心的检测验收。

为确保万无一失，根据专家和设计单位意见，本项目注浆挤扩钻孔灌注桩静载检测比例由规范规定的 1.0%提高到 1.5%，即 10 根，其中地面检测 7.0 根(ZJSZ4-10)，坑底随机抽检 3 根(ZJBZ1-3)，检测结果如表 9-5 所示。检测结果表明，注浆挤扩钻孔灌注桩承载力满足设计要求的承载力特征值 2 200 kN，且具有较大的富余量，因为在单桩竖向抗拔承载力检测值作用下，桩基上拔量都在 20 mm 以内，且卸载后回弹率超过 60%。

表 9-3 注浆挤扩钻孔灌注桩静载检测结果(工程桩)

序号	桩号	最大试验荷载/kN	最大上拔量/mm	卸载后残余上拔量/mm	卸载后回弹率/%	单桩竖向抗拔承载力检测值/kN
1	ZJBZ1-537	4 400	6.62	0.16	97.58	4 400
2	ZJBZ1-560	4 400	8.92	3.15	64.69	4 400
3	ZJBZ1-562	4 400	11.67	3.19	72.66	4 400
4	ZJSZ4-297	4 650	5.7	1.46	74.30	4 650
5	ZJSZ5-211	4 650	10.46	3.95	62.24	4 650
6	ZJSZ6-322	4 650	16.41	4.16	74.65	4 650
7	ZJSZ7-150	4 650	14.90	4.09	72.55	4 650
8	ZJSZ8-34	4 650	16.51	6.17	62.63	4 650
9	ZJSZ9-604	4 650	13.88	4.20	69.74	4 650
10	ZJSZ10-546	4 650	13.06	2.99	77.11	4 650

注浆挤扩钻孔灌注桩在深圳坪山世茂中心应用产生了良好的社会效益和经济效益。地下室抗拔桩数量由普通钻孔灌注桩的 1 313 根减少到注浆挤扩钻孔灌注桩的 659 根，桩长由 25.0 m 缩短到 20.0 m。节约成本 1 120 万元，缩短工期约 30 d，减少泥浆排放约 7 000 m^3。

9.2 上海浦锦新天地

9.2.1 工程概况

本工程为上海爱利特房产有限公司开发的浦江镇125-2地块商办综合用地项目。工程位于上海浦江镇陈行路以北,江桅路以南,浦秀路以东,浦锦路以西。拟建建筑物主要为4栋6层办公楼以及1个2层地下车库,办公楼建筑高度为22.8 m,地下室层高分别为4.9 m和3.9 m。

办公楼地上结构为框架剪力墙结构,其地下室与地下车库连接形成整体,基础采用桩承台+梁板式防水筏板基础,基础底板板面设计相对标高为−5.6 m,筏板厚550 mm,承台及承台梁高1 100 mm。

9.2.2 地质概况

1. 地形地貌及地基土构成

场地地貌类型为滨海平原地貌,地势较平坦,地面标高为4.36~5.01 m。根据本场地勘察所揭露的地层资料分析,本场地55.45 m深度范围内的地基土属第四纪全新世及上更新世沉积物,主要由饱和黏性土、粉性土及砂土组成,一般呈水平层理分布。按沉积年代、成因类型及物理力学性质的差异,可将地层划分为如表9-4所示的7个主要层次。

2. 地下水

本场地潜水受大气降水及地表径流补给影响,勘察报告建议低水位埋深为1.5 m,高水位埋深为0.5 m。勘察期间采取地下水进行水质分析,场地内地下水对混凝土结构具有微腐蚀性,对钢结构有弱腐蚀性。

表9-4 场地地层分布

层号	土层名称	描述
①$_{1-1}$	杂填土	以建筑垃圾为主
①$_{1-2}$	素填土	由黏性土组成,含植物根茎
①$_{2}$	淤泥质土	为黑色浜底淤泥,含有机质、腐殖物,有臭味
②	粉质黏土	为褐黄色~灰黄色粉质黏土,可塑、压缩性中等

（续表）

层号	土层名称	描述
③夹	淤泥质粉质黏土夹黏质粉土	为灰色砂质粉土，稍密、压缩性中等
④	淤泥质黏土	灰色淤泥质黏土，流塑、压缩性高等
⑤1a	黏土	为灰色黏土，软塑、压缩性高等
⑤1b	黏土夹粉质粉土	为灰色黏土，软塑、压缩性高等
⑤3	粉质黏土夹黏质粉土	为灰色黏土，软塑、压缩性中等
⑥	粉质黏土	为暗绿色粉质黏土，可塑、压缩性中等
⑦1	砂质粉土	为草黄色砂质粉土，中密、压缩性中等，力学性质较好
⑦2	粉砂	为灰黄色粉砂，密实、压缩性中等，力学性质较好

3. 桩侧极限摩阻力标准值 f_s 和桩端极限端阻力标准值 f_p

勘察报告提供的各土层的桩侧极限摩阻力标准值 f_s 和桩端极限端阻力标准值 f_p 如表 9-5 所示。

表 9-5　桩侧极限摩阻力标准值 f_s 和桩端极限端阻力标准值 f_p

层号	土层名称	平均 P_s 值/MPa	预制桩或 PHC 管桩		钻孔灌注桩	
			f_s/kPa	f_p/kPa	f_s/kPa	f_p/kPa
②	粉质黏土	0.65	15		15	
③	淤泥质粉质黏土夹黏质粉土（6 m 以上）	0.61	15		15	
	淤泥质粉质黏土夹黏质粉土（6 m 以下）		25		20	
④	淤泥质黏土	0.50	22		18	
⑤1a	黏土	0.71	35		25	
⑤1b	黏土夹黏质粉土	1.27	50	900	40	350
⑤3	粉质黏土夹黏质粉土	1.42	55	1 300	50	600
⑥	粉质黏土	2.60	75	2 000	55	1 000
⑦1	砂质粉土	6.61	80	4 500	65	1 500

注：表中各土层的 f_s 值和 f_p 值除以安全系数 2 即为相应的特征值。

9.2.3 桩基设计

1. 原桩基设计

原桩基设计共有两种：

(1) 地下车库号楼下抗压桩：原设计采用ϕ600 mm 钻孔灌注桩，桩长 27 m，桩端进入⑦$_1$灰绿草绿色砂质粉土，单桩抗压承载力设计值为 1 000 kN。

②纯地下车库内抗拔桩：原设计采用ϕ600 mm 钻孔灌注桩，桩长 27 m，桩端进入⑦$_1$灰绿草绿色砂质粉土，单桩抗拔承载力设计值为 700 kN。

原设计钻孔灌注桩桩基概况如表 9-6 所示。

表 9-6　原设计钻孔灌注桩桩基概况

桩基平面位置	类别	桩端持力层	桩径/mm	桩长/m	单桩抗压承载力设计值/kN	单桩抗拔承载力设计值/kN	单桩抗压极限承载力/kN	单桩抗拔极限承载力/kN	根数
号楼下抗压桩	工程桩	⑦$_1$	600	27	1 000				483
	试桩	⑦$_1$	600	36	1 100		2 200		5
纯地下车库抗拔桩	工程桩	⑦$_1$	600	27		700			126
	试桩	⑦$_1$	600	36		750		1 500	3
	锚桩	⑦$_1$	600	36	1 100				6

注：试桩及锚桩在试桩后兼作工程桩。

2. 新桩基设计

依据一根替换一根的原则，采用注浆成型挤扩桩替代原桩基。

(1) 地下车库抗压桩及试桩设计

工程桩拟采用ϕ400 mm 注浆成型挤扩 PHC 管桩，PHC 管桩采用 PHC 300 AB 70-22，桩数总计 483 根。单桩抗压承载力设计值为 1 000 kN。

试桩采用ϕ400 mm 注浆成型挤扩 PHC 管桩，设计前试桩(SZ1-1)3 根，试桩后兼作工程桩，管桩采用 PHC 300 AB 70-31；单桩抗压加载值不小于 2 300 kN；试桩均采用堆载法进行单桩静载试验。

新设计抗压桩工程桩、试桩概况如表 9-7 所示。

表 9-7 新设计抗压桩工程桩、试桩概况

桩型	PHC 桩型	成孔直径/mm	桩长/m	从上至下桩节/m	抗压承载力设计值/kN	试验加载值/kN	桩端土层	桩数/根
工程桩 Z1	PHC 300 AB 70	ϕ 400	22	11/11	1 000		入⑦$_1$层 2.7 m	486
设计前试桩 SZ1-1	PHC 300 AB 70	ϕ 400	31	9/11/11		2 300	入⑦$_1$层 2.7 m	3

桩身强度验算如下：

工程桩：根据国家建筑标准设计图集《预应力混凝土管桩》(10G409)，PHC 300 AB 70 单桩受压承载力设计值为 1 271 kN，JCCAD 单桩反力在基本组合工况下计算的最大桩反力为 1 501 kN，由于是在偏心荷载作用下，单桩承载力可提高 1.2倍，为 1 271×1.2=1 525 kN，桩身强度满足要求。

试桩：抗压强度极限值为

$R_k = f_{ck}A = 50.2 \times 3.14 \times (300^2 - 160^2)/4 \times 10^{-3} = 2\,538\ \text{kN} > 2\,300\ \text{kN}$，桩身强度满足要求。

(2) 地下车库抗拔桩及试桩设计

工程桩拟采用ϕ 300 mm 注浆成型挤扩钢管桩，桩数总计 126 根。其中，桩身选用 Q345B 直缝钢管，外径为 219 mm，桩长 22 m，考虑防腐蚀厚度，取钢管壁厚为 8 mm。桩身共分上、中、下三节，分别为 2 m，10 m，10 m，单桩抗拔承载力设计值为 700 kN。注浆材料采用水泥浆，水灰比为 0.55～0.60。

本工程抗拔桩试桩采用ϕ 300 mm 注浆成型挤扩钢管桩，设计前试桩(SZ3-1) 3 根，试桩后兼作工程桩。桩身选用 Q345B 直缝钢管，外径为 219 mm，壁厚为 8 mm，桩长 31 m，分三节，从上至下桩节长度分别为 9 m，11 m，11 m；注浆材料采用水泥浆，水灰比为 0.55～0.60；抗拔试桩试验加载值均为 1 500 kN，试桩后兼作工程桩。

新设计抗拔桩工程桩、试桩概况如表 9-8 所示。

桩身强度验算如下：

工程桩：Q345 壁厚为 6 mm 的ϕ 219 mm 桩身抗拔强度设计值为

$310 \times (219^2 - 207^2) \times \pi/4 \times 10^{-3} = 1\,244\ \text{kN}$，大于 JCCAD 计算(1.2 高水位－1.0 自重)最大桩反力 1 011 kN。

试桩：Q345 壁厚为 8 mm 的ϕ 219 mm 桩身抗拔强度极限值为

$345\times(219^2-203^2)\times\pi/4\times10^{-3}=1\,826>$ 加载值 1 500 kN，满足要求。

表 9-8　新设计抗拔桩工程桩、试桩概况

桩型	钢管直径和壁厚/mm	成孔直径/mm，桩长/m	数量/根	钢材型号	抗拔承载力设计值(试验加载值)/kN	桩顶绝对标高/m	桩端土层
工程桩	ϕ 219，8	ϕ 300，22	127	Q345B	700	−4.80	入⑦$_1$层 2.7 m
设计前试桩	ϕ 219，8	ϕ 300，31	3	Q345B	1 500	4.20	入⑦$_1$层 2.7 m

(3) 注浆参数设计

PHC 管桩和钢管桩的注浆设计参数如表 9-9 所示。

(4) 桩基承载力检测要求

① 先试桩后设计：注浆成型扩底桩为一种新型桩基，每种桩型必须先进行 3 组静载试验，并做到地基土破坏，方可根据桩基承载力进行工程桩设计和施工；

② 单桩静载试验需在桩基施工完毕后 28 d 方可进行；

③ 单桩静载试验应采用慢速维持荷载法。

表 9-9　注浆设计参数

桩型	试桩型号	材料	水灰比	注浆压力/MPa	单根注浆量/m^3
PHC 管桩	工程桩	P.O 42.5 普通硅酸盐水泥调配成的水泥砂浆	0.55～0.60	1.0～1.8	1.70
	试桩				
钢管桩	工程桩				5.0
	试桩				6.0

9.2.4　施工过程

根据本工程施工内容和进度要求，2015 年 4 月 15 日开工，安排 4 台桩机进场施工。根据现场施工区域条件，先施工 3 根抗压试桩和 3 根抗拔试桩，后施工 488 根抗压工程桩和 129 根抗拔工程桩。7 月 5 日施工结束，共计施工 82 天。钻机施工工效约 4 根/d，为普通钻孔灌注桩的 2 倍。

注浆成型挤扩钢管桩和注浆成型挤扩 PHC 管桩施工过程实景照片如图 9-4 所示。

(a) 钻进成孔

(b) 注浆成型扩底 PHC 管桩接桩(1)

(c) 注浆成型扩底 PHC 管桩接桩(2)

(d) 安装扩底装置(帆布袋)

(e) 束浆袋安装及钢管桩加工

(f) 注浆管安装、桩身吊装及接桩

(g) 泥浆置换及注浆挤扩

图 9-4　注浆成型挤扩钢管桩、PHC 管桩施工过程

9.2.5　桩基静载试验检测

2015 年 5 月 16 日至 2015 年 5 月 24 日，采用锚桩反力法对 3 根 31 m 注浆成型挤扩钢管桩试桩进行慢速维持荷载法静载抗拔试验。3 根试桩的极限抗拔承载力均为 1 500 kN。抗拔静载试验结果如表 9-10 所示，检测曲线如图 9-5 所示。

表 9-10　抗拔静载试验结果

荷载/kN		0	280	420	560	700	840	980	1 120	1 260	1 400	1 500	1 600
SZ2-2	本级上拔/mm	0.00	1.67	1.26	1.97	2.00	2.57	2.55	2.38	3.60	4.28	5.60	78.99
	累计上拔/mm	0.00	1.67	2.93	4.90	6.90	9.47	12.02	14.40	18.00	22.28	27.88	106.87
SSZ2-3	本级上拔/mm	0.00	0.85	0.88	1.15	1.55	1.84	2.68	3.01	3.24	4.54	4.52	81.72
	累计上拔/mm	0.00	0.85	1.73	2.88	4.43	6.27	8.95	11.96	15.20	19.74	24.26	105.98
SZ2-4	本级上拔/mm	0.00	1.47	0.84	1.25	1.96	2.56	3.26	3.99	4.06	4.59	4.79	81.81
	累计上拔/mm	0.00	1.47	2.31	3.56	5.52	8.08	11.3	15.33	19.39	23.98	28.77	110.58

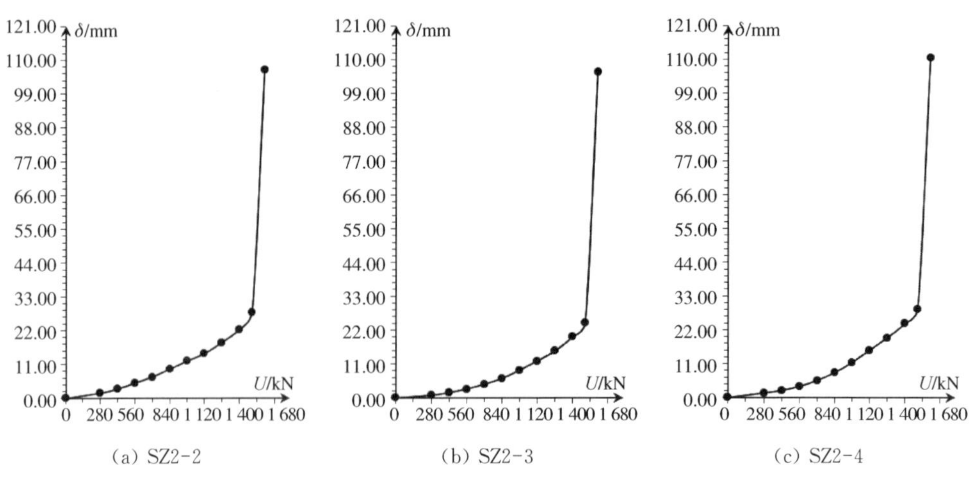

(a) SZ2-2　(b) SZ2-3　(c) SZ2-4

图 9-5　抗拔桩静载试验检测曲线(U-δ 曲线)

2015 年 6 月 18 日至 2015 年 6 月 26 日，采用堆载反力法对 3 根 31 m 注浆成型挤扩 PHC 管桩试桩进行慢速维持荷载法静载抗压试验。SZ4-2、SZ4-3 试桩的极限抗压承载力均为 2 050 kN；SZ4-4 试桩的极限抗压承载力为 2 200 kN。静载试验结果如表 9-11、表 9-12 所示，检测曲线如图 9-6 所示。

表 9-11 SZ4-2，SZ4-3 试桩抗压静载试验结果

荷载/kN		0	380	570	760	950	1 140	1 330	1 520	1 710	1 900	2 050	2 200
SZ4-2	本级沉降/mm	0.00	1.72	1.34	1.46	2.11	2.30	2.44	3.63	5.10	7.11	8.85	75.50
	累计沉降/mm	0.00	1.72	3.06	4.52	6.63	8.93	11.37	15.00	20.10	27.21	36.06	111.56
SSZ4-3	本级沉降/mm	0.00	0.55	0.80	1.06	1.15	1.68	2.03	2.94	3.79	5.39	6.72	79.54
	累计沉降/mm	0.00	0.55	1.35	2.41	3.56	5.24	7.27	10.21	14.00	19.39	26.11	105.65
	累计沉降/mm	0.00	1.47	2.31	3.56	5.52	8.08	11.3	15.33	19.39	23.98	28.77	110.58

表 9-12 SZ4-4 试桩抗压静载试验结果

荷载/kN	0	380	570	760	950	1 140	1 330	1 520	1 710	1 900	2 050	2 200	2 300
本级沉降/mm	0.00	1.13	1.00	1.04	2.01	2.16	2.45	3.34	3.26	4.39	4.24	7.54	73.29
累计沉降/mm	0.00	1.13	2.13	3.17	5.18	7.34	9.79	13.13	16.39	20.78	25.02	32.56	105.85

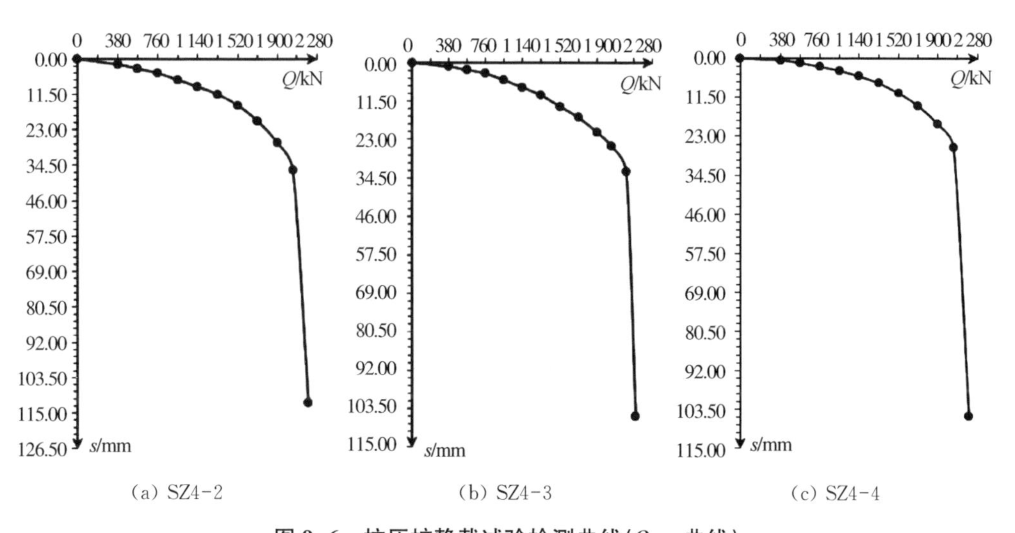

图 9-6 抗压桩静载试验检测曲线（Q-s 曲线）

检测结果表明，采用注浆扩底成桩工艺施工的工程桩均满足设计承载力要求。

9.2.6 小结

本工程运用新技术，采用注浆成型挤扩桩替代钻孔灌注桩，依据一根替换一根的原则，抗压工程桩采用ϕ 400 mm 注浆成型挤扩 PHC 管桩，抗拔工程桩采用ϕ 300 mm注浆成型挤扩钢管桩。桩基检测结果表明，设计的抗压、抗拔工程桩均满足设计承载力要求。经施工后测算，与原设计的钻孔灌注桩相比，采用新技术后，本桩基工程节省投资 460 万元，节省工期 25 d，减少混凝土用量 2 500 m^3，达到了新技术推广使用应满足节省、高效、环保的要求。

9.3 绍兴世茂云樾府

9.3.1 工程概况

绍兴滨海新城项目由 19 栋高层，2 栋商业及 1 栋配套用房组成，总建筑面积约 280 000 m^2，其中地上建筑面积约 210 000 m^2，地下建筑面积约 73 000 m^2。1 号～4 号、7 号～19 号楼为 26 层住宅，5 号～6 号楼为 27 层住宅，采用剪力墙结构体系，图 9-7 为建筑总图示意图。

图 9-7 建筑总图示意图

9.3.2 地质概况

本场地各土层分布及其物理力学指标、桩基础力学参数建议值详见本书 4.3.3 节。典型钻孔地层剖面图如图 9-8 所示。

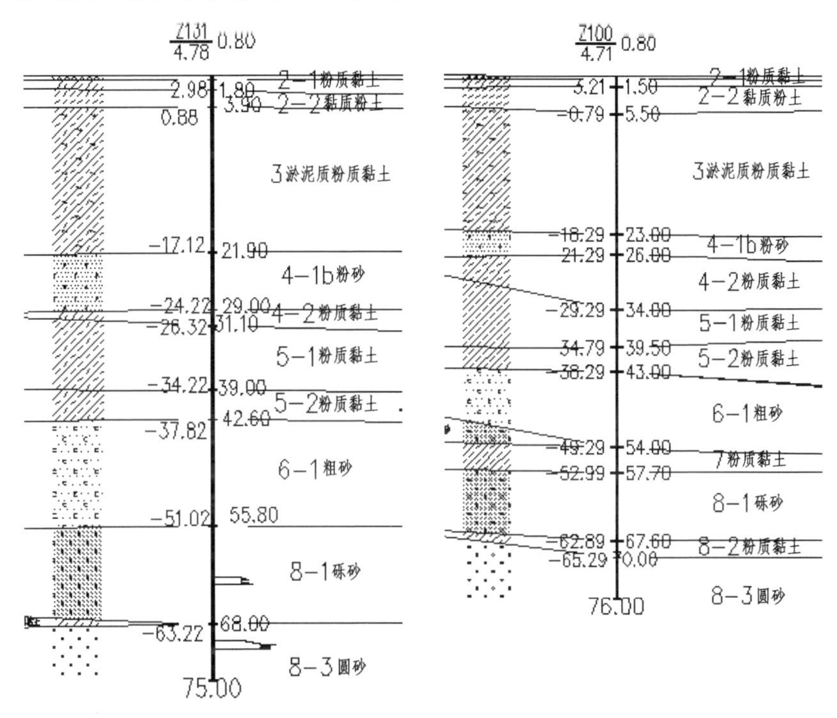

图 9-8 绍兴滨海项目典型钻孔地层剖面图

9.3.3 试桩设计

项目一期采用普通钻孔灌注桩作为主楼承压桩，前期进行了 2 根试桩设计，桩径为 700 mm，水下混凝土等级为 C35，桩长为 55.70～57.80 m，桩端持力层为⑧$_1$砾砂，进入持力层不少于 1.05 m，单桩抗压承载力特征值为 2 250～2 400 kN，试桩加载值不小于 4 900 kN，并加载至极限破坏。

项目二期进行了 3 根注浆挤扩钻孔灌注桩的试桩设计，桩径为 700 mm，水下混凝土等级为 C50，有效桩长为 56～57.35 m，桩端持力层及入持力层深度同普通钻孔灌注桩。注浆挤扩段主要处于⑥$_1$粗砂、⑦粉质黏土、⑧$_1$砾砂和⑧$_2$粉质黏土中，高度为 7.0 m，外径为 900 mm。单根桩注浆水泥用量 2.0 t，水灰比为 0.55。单桩抗压承载力特征值约 4 000 kN，试桩加载值不小于 8 200 kN，并加载至极限破坏。

9.3.4 试桩结果

普通钻孔灌注桩和注浆挤扩钻孔灌注桩的静载试验结果如表 9-13 所示，普通灌注桩加载至 5 750 kN 时，试桩发生地基破坏，单桩竖向抗压承载力极限值为 5 500 kN，对应的沉降量分别为 27.36 mm 和 24.67 mm，与根据地勘报告计算的承载力相差不大。

3 根注浆挤扩钻孔灌注桩试桩都达到了承载力极限，其中试桩 4 和试桩 5 先采用 800 kN 荷载分级加载至 8 000 kN 后，然后采用 400 kN 荷载分级加载至 9 600 kN 试桩破坏，抗压承载力极限值为 9 200 kN；试桩 6 一直采用 800 kN 荷载分级加载至 9 600 kN 试桩破坏，抗压承载力极限值为 8 800 kN。因此，3 根试桩抗压承载力极限值差异不大，都在 9 200 kN 左右，较普通钻孔灌注桩的抗压承载力提高 67.3%。

表 9-13　设计试桩静载试验结果

桩号	最大试验荷载/kN	最大沉降量/mm	承载力极限值/kN	承载力极限值对应沉降量/mm
试桩 1	5 750	93.72	5 500	27.36
试桩 2	5 750	85.76	5 500	24.67
试桩 3(挤扩桩)	9 600	>80 破坏	9 200	32.73
试桩 4(挤扩桩)	9 600	>80 破坏	9 200	35.86
试桩 5(挤扩桩)	9 600	>80 破坏	8 800	32.80

静载试验的 Q-s 曲线如图 9-9 所示。

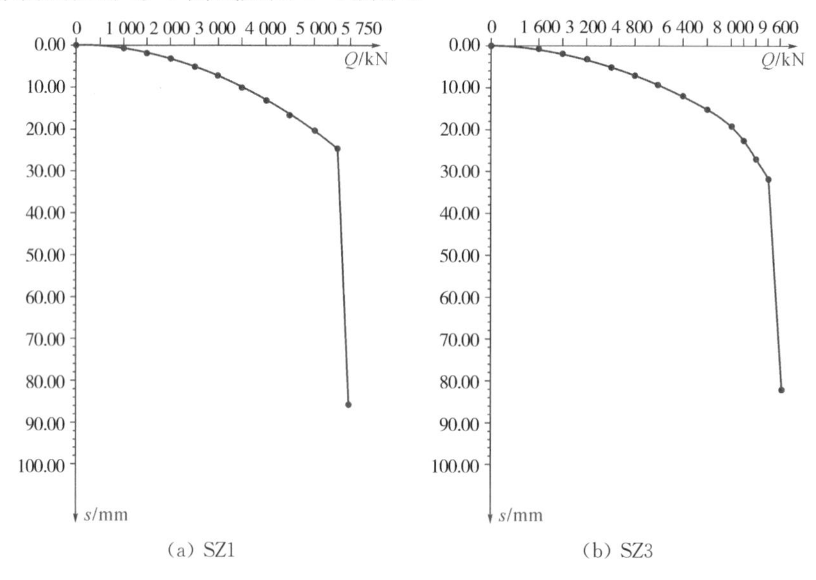

(a) SZ1　　(b) SZ3

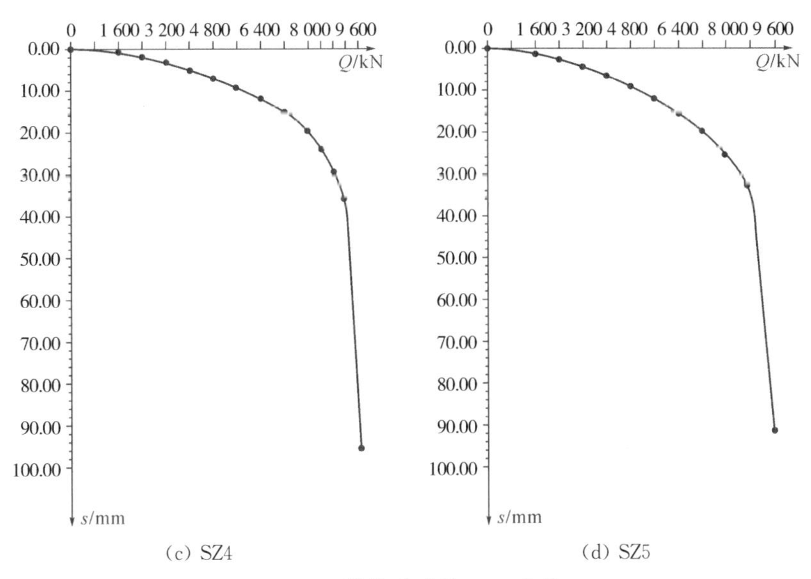

(c) SZ4　　(d) SZ5

图 9-9　静载试验的 Q-s 曲线

9.4.5　应用情况

注浆挤扩钻孔灌注桩的优异承载性能得到专家和设计单位的认可，注浆挤扩钻孔灌注桩成功应用于本项目二期工程 7 栋 26 层主楼中。单桩抗压承载力特征值按 3 800 kN 设计，较试桩极限承载力富余度大。

桩基总数由普通钻孔灌注桩的 683 根减少至 458 根，桩数减少约 33%，节约成本 558 万元，经济效益非常显著。

项目桩基施工于 2019 年 12 月完成，2020 年 3 月进行了验收检测，共 8 根，验收检测全部合格：最大试验荷载对应的沉降量为 24.69 mm，残余沉降为 6.12～12.05 mm，回弹率均不小于 50%，单桩抗压承载力极限值不小于 7 850 kN。试验结果汇总见表 9-14。

表 9-14　注浆挤扩钻孔灌注桩静载试验结果

桩号	最大试验荷载/kN	最大试验荷载对应的沉降量/mm	残余沉降量/mm	回弹率/%	极限承载力/kN
检测桩 1	7 850	22.67	10.33	54.43	7 850
检测桩 2	7 850	20.71	9.01	56.49	7 850
检测桩 3	7 850	19.83	8.99	54.66	7 850

（续表）

桩号	最大试验荷载/kN	最大试验荷载对应的沉降量/mm	残余沉降量/mm	回弹率/%	极限承载力/kN
检测桩 4	7 850	18.67	6.12	67.22	7 850
检测桩 5	7 850	23.42	11.12	52.52	7 850
检测桩 6	7 850	21.97	9.48	56.85	7 850
检测桩 7	7 850	24.69	12.05	51.19	7 850
检测桩 8	7 850	22.51	9.68	57.00	7 850

静载试验的 Q-s 曲线汇总见图 9-10。Q-s 曲线呈缓降形。

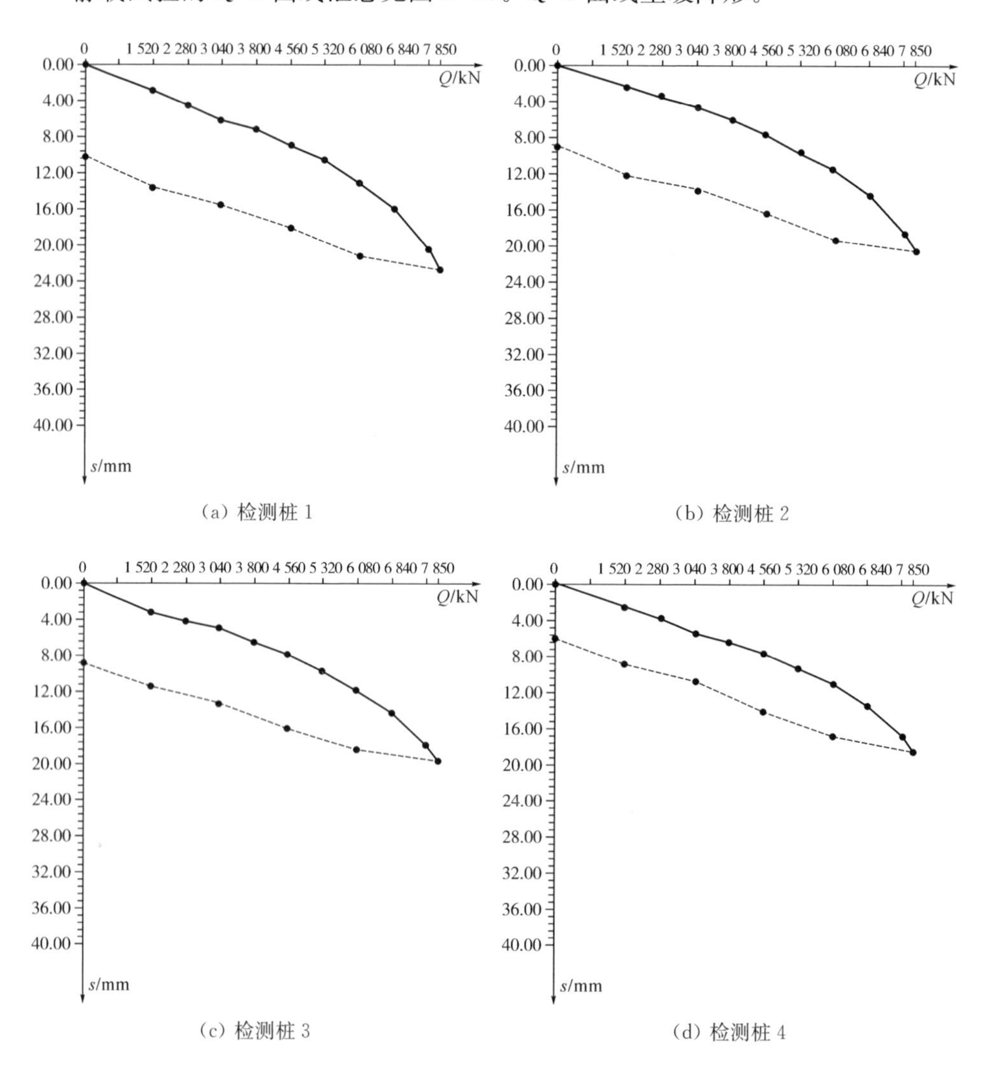

(a) 检测桩 1　　(b) 检测桩 2

(c) 检测桩 3　　(d) 检测桩 4

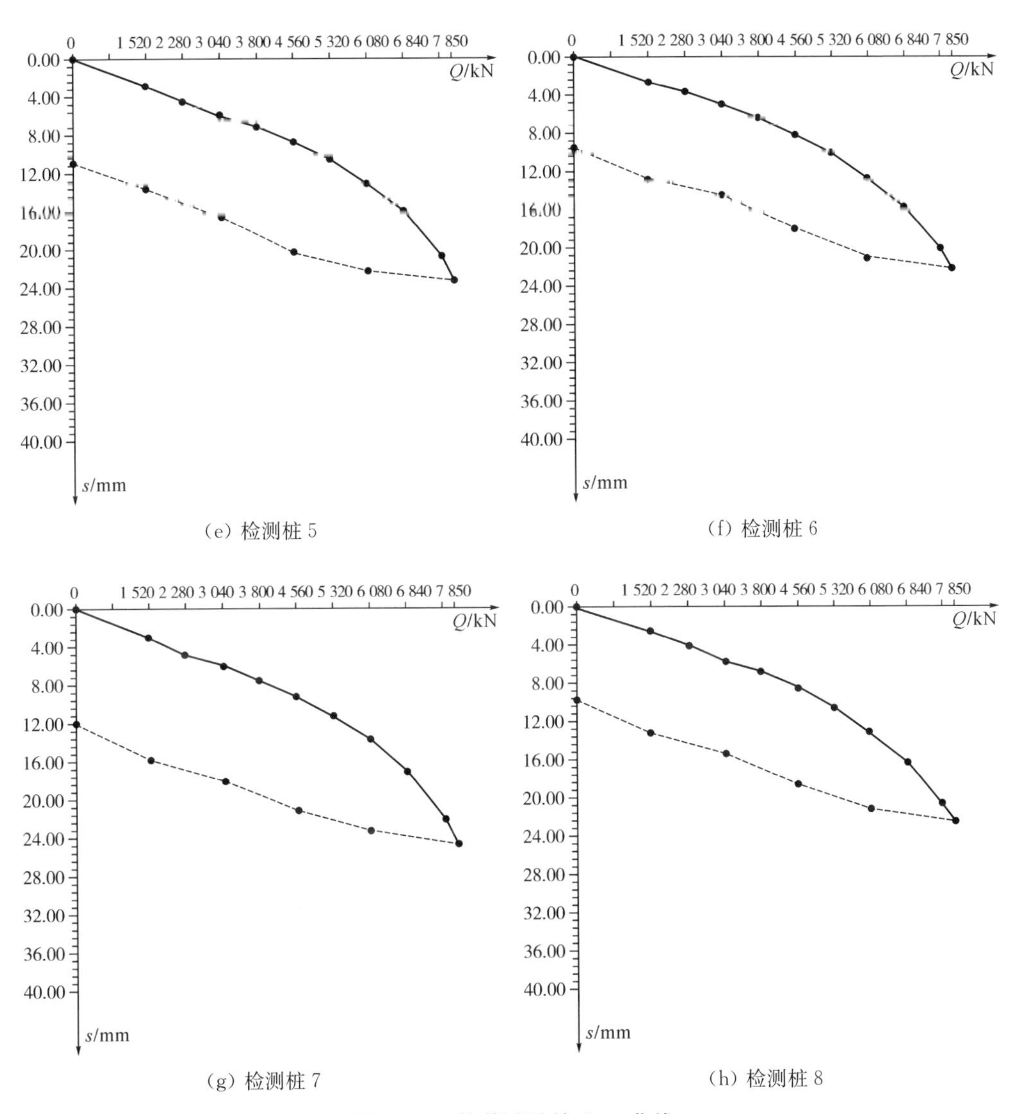

图 9-10 静载试验的 Q-s 曲线

9.4 常熟世茂世纪中心 4 幢

9.4.1 工程概况

本项目由 4 层商业及 2 层大地下室组成，总建筑面积约 84 000 m²。±0.000

标高为 1985 国家高程 3.400 m，车库顶板覆土 1.5 m，地下一层层高 5.3 m，地下二层层高 3.8 m，地下室建筑功能主要为地下车库。建筑总图和地下室剖面示意图见图 9-11 和图 9-12。

图 9-11　建筑总图示意图

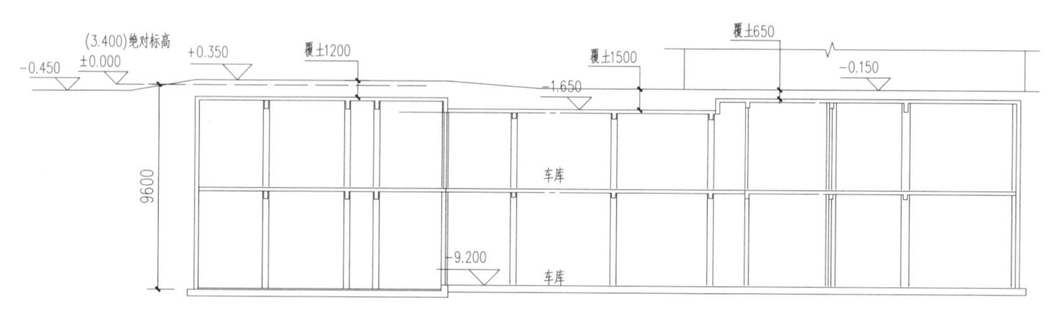

图 9-12　地下室剖面示意图(尺寸单位为 mm，标高单位为 m)

9.4.2　地质概况

本场地各土层分布及其物理力学指标、桩基础力学参数建议值详见本书 4.3.4 节。典型钻孔地层剖面图见图 9-13。

9.4.3　试桩设计

本工程地下室柱网约为 5.6 m/6.0 m/ * 5.0 m/6.4 m，单个柱下抗拔承载力需

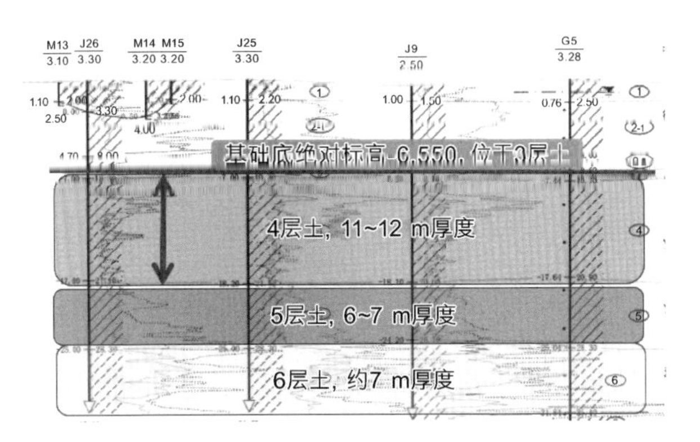

图 9-13 常熟世纪广场项目典型钻孔地层剖面图

求约为 1 500 kN。桩基主要为抗拔控制，项目前期采用普通钻孔灌注桩作为抗拔桩，共进行了 3 根试桩设计，桩径为 550 mm，水下混凝土等级为 C35，试桩桩长为 31 m(有效桩长 22 m)，桩端持力层为⑥粉土，进入持力层深度约 3 m，试桩单桩抗拔承载力特征值约 1 100 kN，试桩加载值不小于 2 200 kN。

项目后续进行了 3 根注浆挤扩钻孔灌注桩的试桩设计，桩径为 650 mm，水下混凝土等级为 C35，试桩桩长为 24 m(有效桩长 15 m)，桩端持力层为⑤黏土，进入持力层深度 3～4 m，抗拔钢筋配置为 14HRB32。注浆挤扩段外径为 850 mm，高 7 m，主要处于④粉质黏土夹粉土、⑤黏土中。单根桩注浆水泥用量 1.9 t，水灰比为 0.55。试桩单桩抗拔承载力特征值约为 1 900 kN，试桩加载值不小于3 800 kN，并加载至极限破坏。

9.4.4 试桩结果

普通钻孔灌注桩和注浆挤扩钻孔灌注桩的静载试验结果如表 9-15 所示。3 根普通钻孔灌注桩自起始加载级至最后测试荷载测读的桩体上拔量级差逐渐递增，上拔量无突增，U-δ 曲线呈缓变形。单桩竖向抗拔承载力极限值取 2 200 kN，试桩未发生地基破坏。

3 根注浆挤扩钻孔灌注桩试桩都未达到承载力极限，其中，试桩 4 和试桩 5 自起始加载级至最后测试荷载测读的桩体上拔量级差逐渐递增，上拔量无突增，U-δ 曲线呈缓变形；试桩 6 的单桩竖向抗拔极限承载力取其发生钢筋拉断前对应的荷载值 3 800 kN。单桩竖向抗拔承载力极限值取 3 800 kN，试桩未发生地基破坏。

表 9-15　设计试桩静载试验结果

试桩桩号	要求最大试验荷载/kN	试验最大荷载/kN	桩顶最大上拔量/mm	桩顶回弹量/mm	回弹率/%	承载力极限值/kN
SZ1	2 200	2 200	12.24	9.13	74.59	2 200
SZ2	2 200	2 200	10.72	7.16	66.79	2 200
SZ3	2 200	2 200	11.66	6.42	55.06	2 200
SZ4（挤扩桩）	3 800	3 800	8.07	5.22	64.68	3 800
SZ5（挤扩桩）	3 800	3 800	8.56	4.69	54.79	3 800
SZ6（挤扩桩）	3 800	4 180	7.50	—	—	4 180

静载试验的 U-δ 曲线见图 9-14、图 9-15。

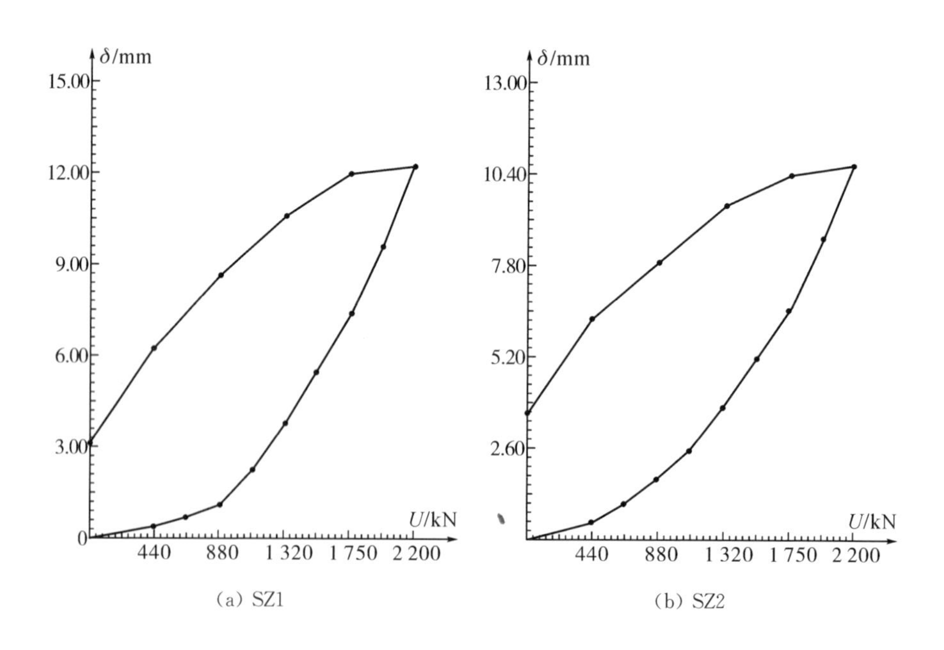

(a) SZ1　　(b) SZ2

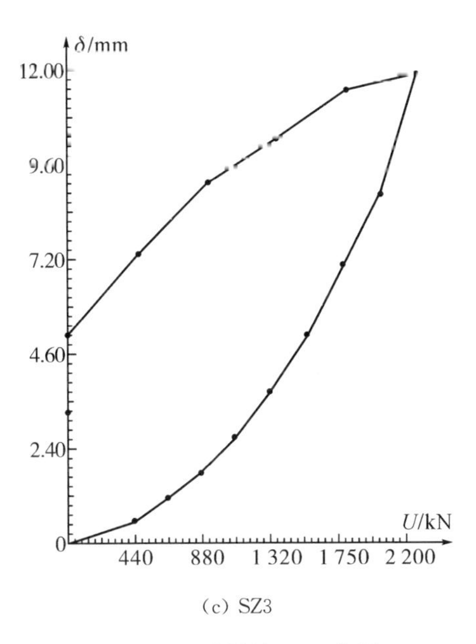

(c) SZ3

图 9-14 试桩的 U-δ 曲线

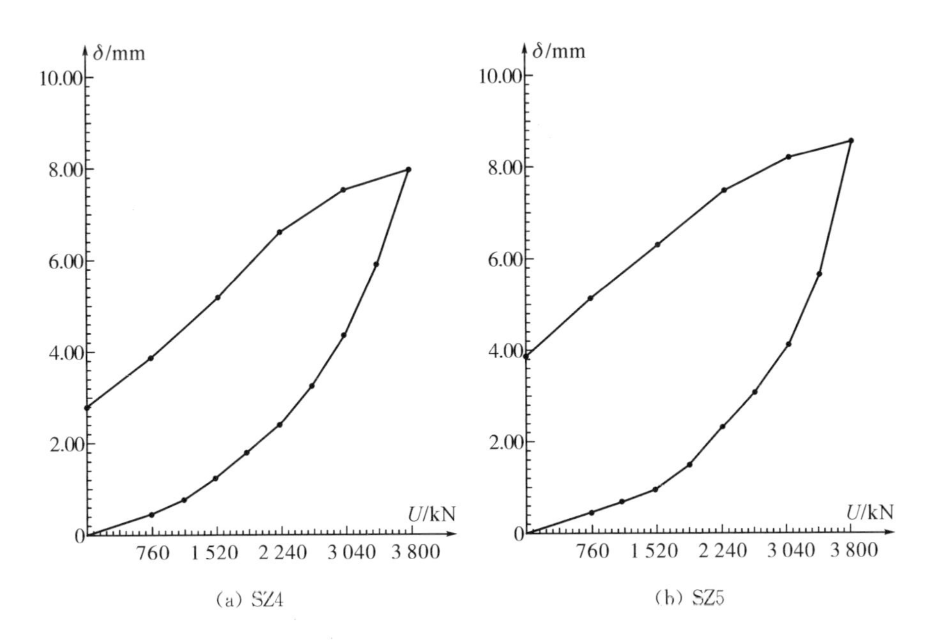

(a) SZ4

(b) SZ5

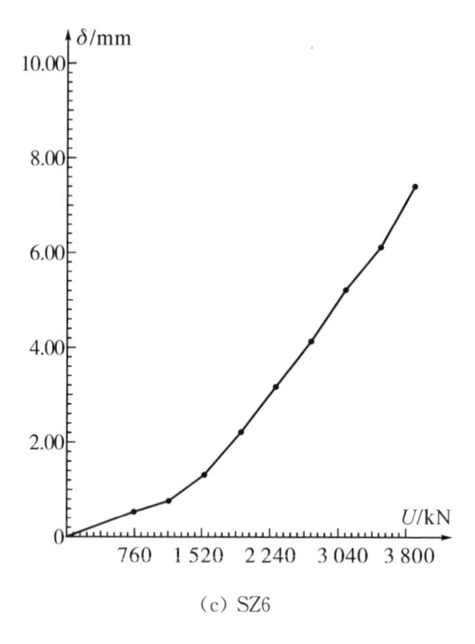

(c) SZ6

图 9-15　静载试验的 U-δ 曲线

9.4.5　应用情况

注浆挤扩钻孔灌注桩的优异承载性能得到专家和设计单位的认可，注浆挤扩钻孔灌注桩成功应用于本项目中。单桩抗拔承载力特征值按 1 500 kN 设计。

注浆挤扩钻孔灌注桩于 2020 年 3 月开始施工，共 513 根，较原普通钻孔灌注桩桩数减少约 46%，工期节省 20 天，成本节约 111 万元，经济效益显著。

项目于 2020 年 5 月 21 日进行了验收检测，共 8 根，考虑试桩是在地面进行，试验荷载增加了入土深度的摩阻力，按 3 800 kN 荷载进行加载，验收检测全部合格：最大试验荷载对应的上拔量为 8.47 mm，回弹率均不小于 50%，单桩抗拔承载力极限值不小于 3 800 kN。试验结果汇总见表 9-16。

表 9-16　注浆挤扩钻孔灌注桩静载试验结果

桩号	要求最大试验荷载/kN	最大试验荷载/kN	桩顶最大上拔量/mm	桩顶回弹量/mm	回弹率/%
检测桩 247	3 800	3 800	7.17	3.95	55.09
检测桩 287	3 800	3 800	7.27	4.00	55.02
检测桩 326	3 800	3 800	7.61	4.12	54.14

（续表）

桩号	要求最大试验荷载/kN	最大试验荷载/kN	桩顶最大上拔量/mm	桩顶回弹量/mm	回弹率/%
检测桩 508	3 800	3 800	7.02	3.67	52.28
检测桩 570	3 800	3 800	6.91	3.80	54.99
检测桩 627	3 800	3 800	8.47	4.58	54.07
检测桩 648	3 800	3 800	7.82	4.36	55.75
检测桩 665	3 800	3 800	7.95	4.16	52.33

静载试验的 U-δ 曲线汇总见图 9-16。U-δ 曲线呈缓变形。

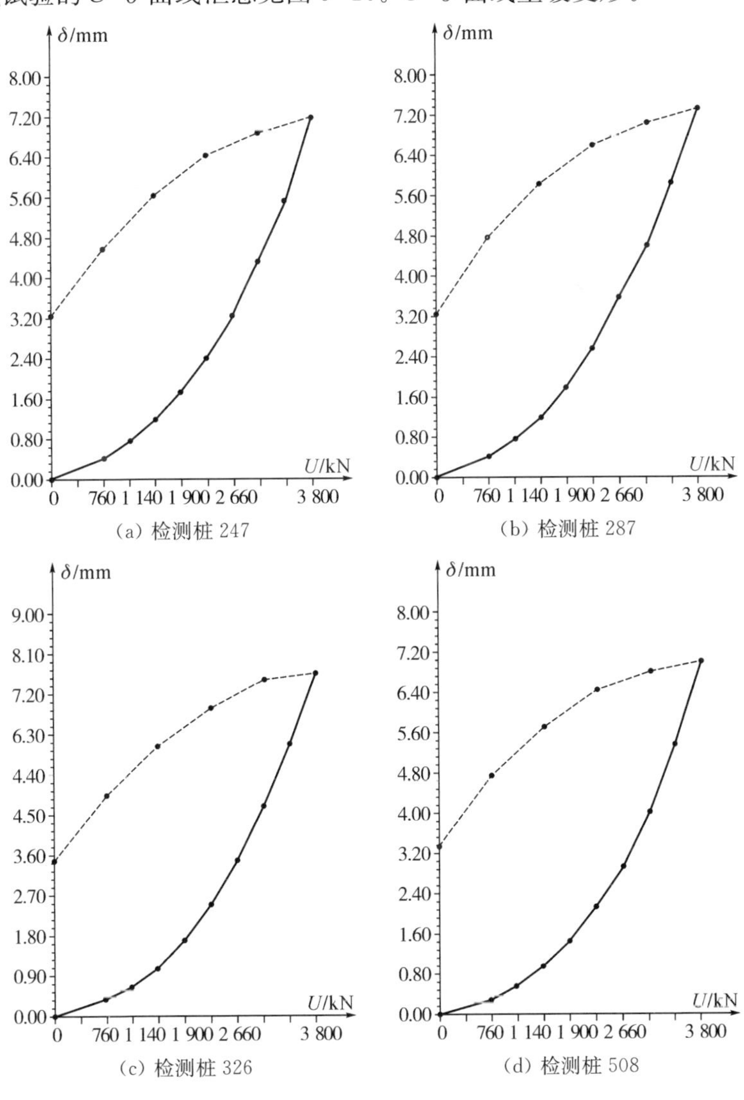

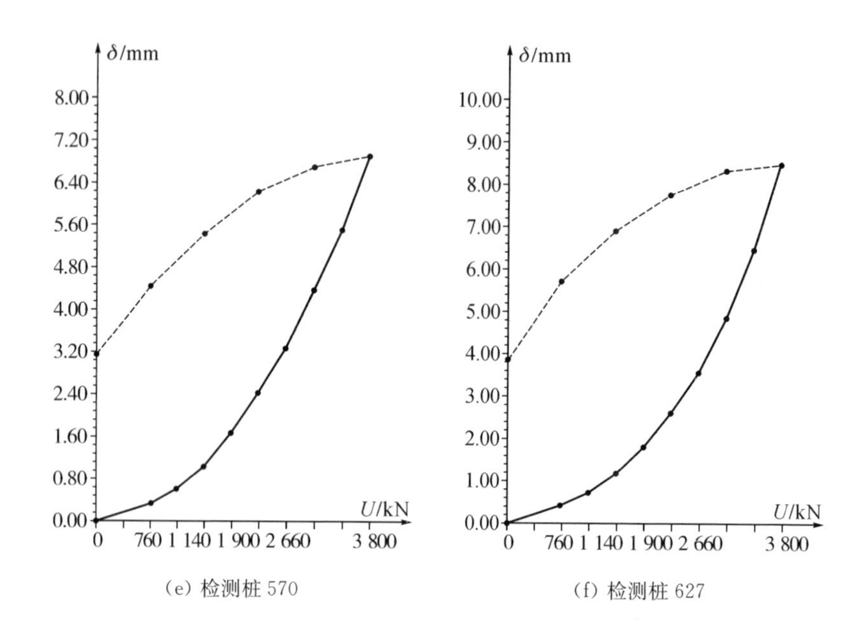

(e) 检测桩 570

(f) 检测桩 627

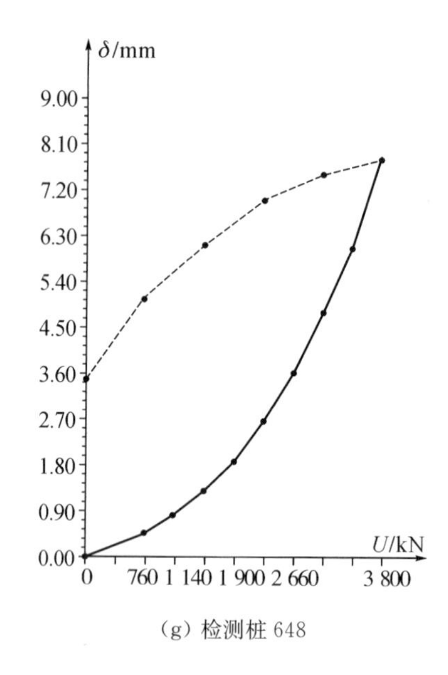

(g) 检测桩 648

图 9-16　静载试验的 U-δ 曲线

9.5 桐乡世茂璀璨荣里世御酒店

9.5.1 工程概况

本项目地上为11～12层酒店和2层酒店裙房，总建筑面积33 134.53 m²，地下2层，并设置夹层，地下室建筑功能主要为地下车库、酒店后勤、车库、机电用房。酒店负一层层高3.9 m，作为酒店后勤使用；负二层层高3.3 m，作为设备房与车库；负三层层高5.1 m，作为车库使用。建筑效果图和地下室剖面示意见图9-17、图9-18。

图9-17 建筑效果图

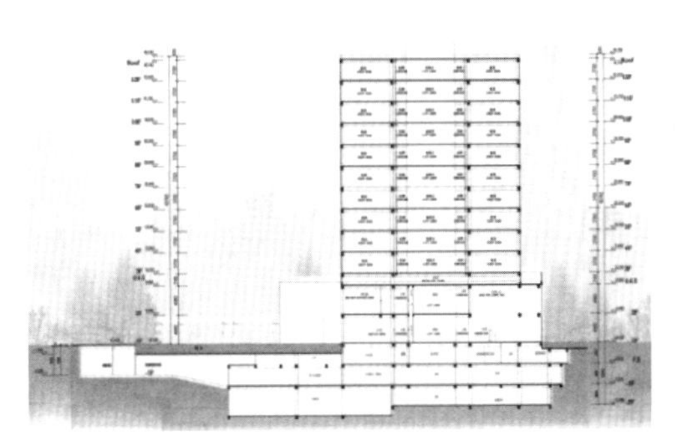

图9-18 地下室剖面示意图

9.5.2 地质概况

该场地钻探深度范围内的地层自上而下分为8大层，共15个地质亚层，具体描述如下：

①素填土：全场分布，揭露层厚0.60～3.20 m，松散。

②粉质黏土：全场分布，中等压缩性，揭露层厚0.90～2.60 m，软塑。

③淤泥质粉质黏土：全场分布，高压缩性，揭露层厚1.00～3.80 m，流塑。

④$_1$粉质黏土。全场分布，中等压缩性，揭露层厚2.60～3.60 m，硬可塑。

④$_2$砂质粉土。全场分布，中等压缩性，揭露层厚3.10～7.70 m，稍密～中密。

④$_3$黏质粉土夹粉质黏土。全场分布，中等压缩性，揭露层厚1.80～9.20 m，稍密，局部中密。

④$_4$砂质粉土。全场分布，中等压缩性，揭露层厚3.30～6.50 m，稍密～中密。

⑤淤泥质粉质黏土。全场分布，高压缩性，揭露层厚0.70～2.40 m，流塑。

⑥$_1$黏土。全场分布，中等压缩性，揭露层厚1.50～2.90 m，硬可塑～硬塑。

⑥₂砂质粉土。全场分布，中等压缩性，揭露层厚 4.60～6.50 m，密实，局部中密。

⑦₁粉质黏土。全场分布，中等压缩，揭露层厚 0.80～8.50 m，软塑。

⑦₂黏质粉土。局部缺失，中等压缩性，揭露层厚 0.80～5.10 m，中密。

⑧₁粉质黏土。全场分布，中等压缩，揭露层厚 6.40～11.50 m，可塑。

⑧₂粉质黏土夹粉土。全场分布，中等压缩性，揭露层厚 3.80～12.00 m，可塑。

⑧₃砂质粉土。局部缺失、未揭穿，中等压缩性，揭露最大厚度 6.40 m，中密～密实。

根据国家和地方规范，对于钻孔灌注桩，场地各岩土层桩基础力学参数建议值如表 9-17 所示。典型钻孔地层剖面图见图 9-19。

表 9-17　桩基础力学参数建议值

层号	承载力特征值 F_{ak}/kPa	压缩模量 E_S/MPa	钻孔灌注桩		抗拔系数 λ
			桩周土摩擦力特征值 q_{sa}/kN	桩端土承载力特征值 q_{pa}/kN	
②	85	4.6	11		0.70
③	65	4.3	8		0.70
④₁	165	6.2	22		0.70
④₂	160	6.3	18		0.65
④₃	140	6.0	13		0.65
④₄	150	6.8	17		0.65
⑤	110	3.4	10		0.70
⑥₁		10.6	32	650	0.75
⑥₂		14.6	27	800	0.65
⑦₁		7.4	14		0.70
⑦₂		15.0	19	500	0.65
⑧₁		15.1	34	800	0.70
⑧₂		39.9	36	900	0.70
⑧₃		35.4	37	1000	0.65

地勘桩基础持力层分析：根据勘察揭露地层情况，建设场地内可作为桩端持力层的土层有场地第⑥综合层（⑥₁，⑥₂）土，力学强度高，中等压缩性，普遍分布，

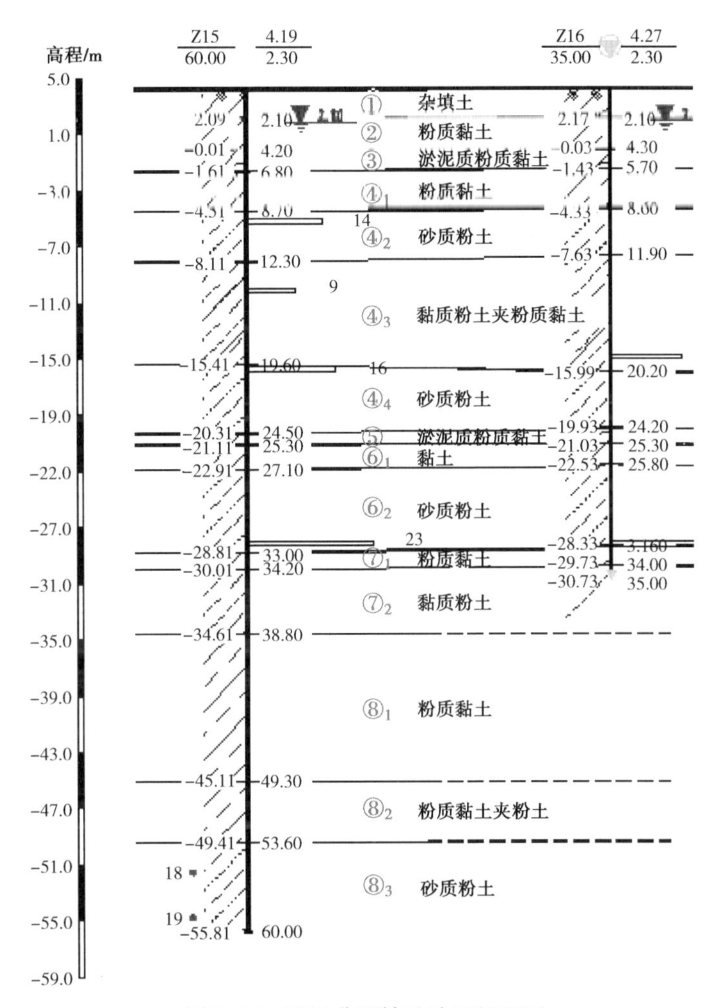

图 9-19 项目典型钻孔地层剖面图

厚度较薄，作为拟建 2 层酒店裙房及地下室的桩基持力层。第⑧综合层（$⑧_1$，$⑧_2$，$⑧_3$）土，力学强度高，中等压缩性，普遍分布，可作为拟建 11～12 层酒店主楼的桩端持力层。

9.5.3 试桩设计

本工程主楼为抗压桩，裙房和车库区域抗拔兼抗压，地下室结构形式为框架或框架剪力墙，基础形式为桩承台＋抗水板。基础底板坐落于$④_2$砂质粉土层，由于周边紧邻学校，桩型选择采用钻孔灌注桩。

根据地勘报告计算，如采用普通钻孔灌注桩作为抗压桩和抗拔桩，桩径为700 mm，水下混凝土等级为C30，桩长为39～43 m，桩端持力层为⑧$_2$粉质黏土夹粉土或⑧$_3$层砂质粉土，单桩抗压承载力特征值约为2 050 kN，单桩抗拔承载力特征值约为1 050 kN。

设计试桩直接采用注浆挤扩钻孔灌注桩，抗压试桩3根，桩径为700 mm，水下混凝土等级为C45，试桩长度为51 m(有效桩长为42 m)，桩端持力层为⑧$_2$粉质黏土夹粉土，入持力层深度2 m；抗拔试桩2根，桩径为700 mm，水下混凝土等级为C35，桩长同抗压桩。束浆袋直径均为900 mm，高7 m。单根桩注浆水泥(P.O 42.5)用量2.0t，水灰比为0.55。注浆挤扩段主要处于⑧$_1$粉质黏土和⑧$_2$粉质黏土夹粉砂中，抗压试桩加载值不小于9 000 kN，抗拔试桩加载值不小于5 000 kN，并加载至极限破坏。

9.5.4 试桩结果

注浆挤扩钻孔灌注桩的抗压静载试验结果如表9-18所示，试桩1最大加载3 600 kN，总沉降为45.57 mm，超过40 mm，加载至3 600 kN时，Q-s曲线发生明显陡降，对应的极限承载力为2 700 kN；试桩2在加载至8 100 kN时，总沉降为47.81 mm，超过40 mm，加载至8 100 kN时，Q-s曲线发生明显陡降，对应的极限承载力为7 200 kN；试桩3在加载至9 000 kN时，总沉降为43.64 mm，超过40 mm，加载至9 000 kN时，Q-s曲线发生明显陡降，对应的极限承载力为8 100 kN。

试桩1桩身浅部2.9 m左右存在严重缺陷，导致抗压承载力严重不足，故该桩不统计。其余2根桩根据《建筑基桩检测技术规范》(JGJ 106—2014)，当试验桩数量小于3根时，取低值，单桩抗压极限承载力为7 200 kN，其单桩抗压承载力特征值取3 600 kN。

表9-18　抗压设计试桩静载试验结果

试桩桩号	要求最大试验荷载/kN	试验最大荷载/kN	桩顶最大沉降量/mm	桩顶回弹量/mm	回弹率/%	承载力极限值/kN
试桩1(抗压)	9 000	3 600	4.20			2 700
试桩2(抗压)	9 000	8 100	12.1			7 200
试桩3(抗压)	9 000	9 000	24.25			8 100

静载试验的Q-s曲线见图9-20。

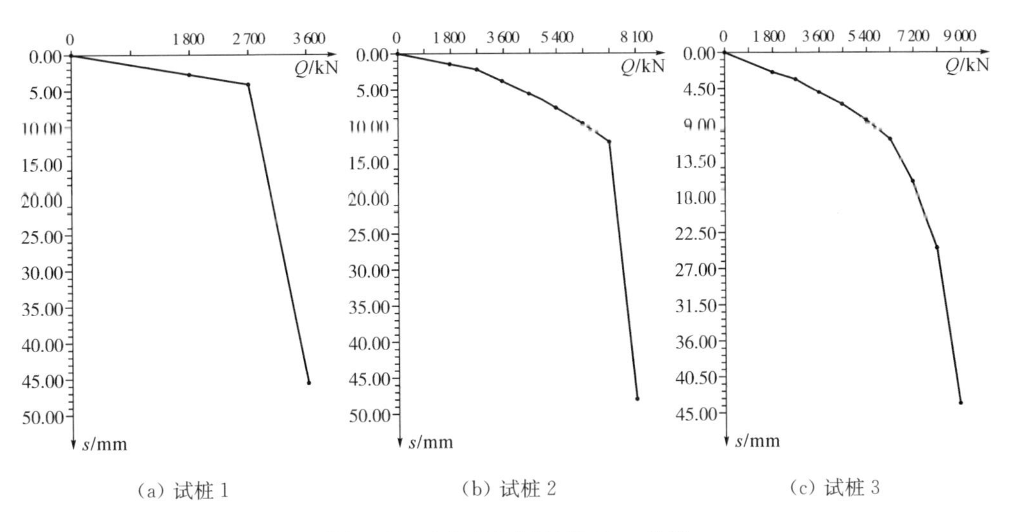

(a) 试桩 1　　(b) 试桩 2　　(c) 试桩 3

图 9-20　3 根抗压试桩的 Q-s 曲线

注浆挤扩钻孔灌注桩的抗拔静载试验结果如表 9-19 所示，试桩 4 最大加载 5 000 kN，加载至 5 000 kN 时，U-δ 曲线呈陡升形，据此判断其竖向抗拔极限承载力不小于 4 500 kN，单桩竖向抗拔承载力特征值不小于 2 250 kN，对应上拔量为 32.3 mm；试桩 5 在加载至 4 750 kN 时，由于施加于地基的压应力大于地基提供的支座反力导致附近地基下沉，支座不稳定，终止加载，此时承载力未达到极限承载力，U-δ 曲线呈缓变形，δ-lg t 曲线沉降间隔较为均匀，据此判断其抗拔承载力不小于4 750 kN，单桩竖向抗拔承载力特征值不小于2 375 kN，对应上拔量为 28.1 mm。

根据《建筑基桩检测技术规范》(JGJ 106—2014)，当试验桩数量小于 3 根时，取低值，单桩抗拔极限承载力为 4 500 kN，其单桩抗拔承载力特征值取 2 250 kN。

表 9-19　抗拔设计试桩静载试验结果

试桩桩号	要求最大试验荷载/kN	试验最大荷载/kN	极限承载力对应桩顶最大上拔量/mm	桩顶回弹量/mm	回弹率/%	承载力极限值/kN
试桩 4(抗拔)	5 000	5 000	32.3			4 500
试桩 5(抗拔)	5 000	4 750	28.1			4 750

静载试验的 U-δ 曲线见图 9-21。

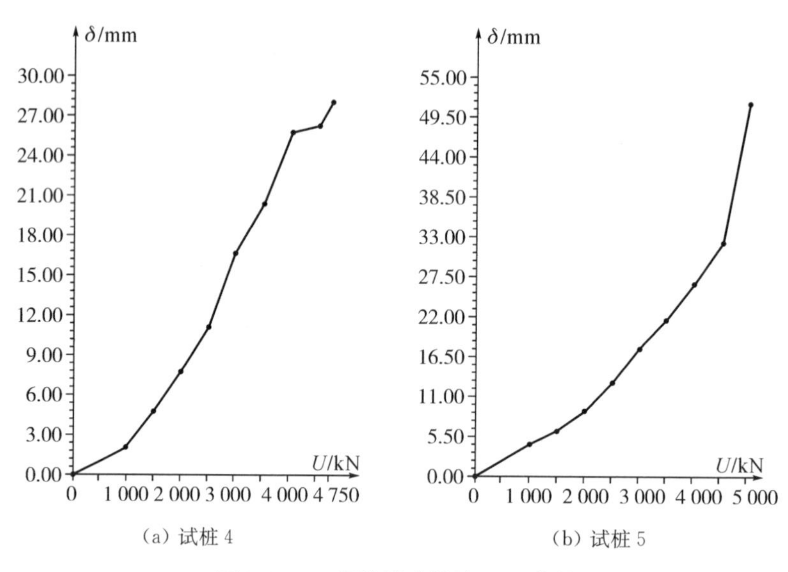

(a) 试桩 4　　(b) 试桩 5

图 9-21　2 根抗拔试桩的 U-δ 曲线

9.5.5　应用情况

注浆挤扩钻孔灌注桩的优异承载性能得到专家和设计单位的认可，注浆挤扩钻孔灌注桩成功应用于本项目中。较地勘计算值提高 40%，单桩竖向抗压承载力特征值为 2 800 kN、抗拔承载力特征值为 1 500 kN。相较于试桩，单桩抗压承载力特征值 3 600 kN 扣除入土深度提供的侧阻力 500 kN，即 3 100 kN；单桩抗拔承载力特征值 2 250 kN 扣除入土深度提供的侧阻力 400 kN，即 1 850 kN，均留有较大的安全富余度。

酒店主楼桩数从约 300 根减少到 259 根，减少 41 根；原酒店地库桩数从约 350 根减少到 129 根，减少 221 根。相较普通钻孔灌注桩方案，节省成本 506 万元。

9.6　温州世茂璀璨瓯江项目

9.6.1　工程概况

温州世茂璀璨瓯江项目为高层住宅项目，包含 22 栋 26 层的主楼及 1 层附属商业裙楼、1 栋 3 层的小型商业。地上 26 层，地下局部 2 层。项目占地面积 82 375.5 m^2，总建筑面积 331 204.9 m^2，其中地上建筑面积 238 887.65 m^2。

±0.000标高为黄海高程 4.300 m。车库顶板覆土 1.5 m，地下一层层高 3.6 m，地下二层层高 3.6 m。建筑总图见图 9-22。

图 9-22　建筑总图示意图

9.6.2　地质概况

根据勘探揭露的地层资料分析，在勘察深度范围内，地基土按成因类型和物理力学特征，各土层岩性特征自上而下描述如下：

$①_1$杂填土：新近人工回填土，松散状，结构疏松，未经压实。该层局部厚度较大地段，应适当考虑负摩阻力的作用。

$①_2$吹填土：流塑～软塑状，高压缩性，土性一般以淤泥质粉质黏土为主。

$②_1$含砂淤泥、$②_2$淤泥、$②_3$淤泥：力学性质差，厚度较大，具有含水量高、孔隙比大、灵敏度高、抗剪强度小、承载能力差等特点，属典型的软弱地基土。

$③_1$淤泥质黏土：高压缩性，工程地质性质较差，不宜作为桩基持力层，仅可作桩周摩擦层使用，埋深约 60 m。

$⑤_1$粉质黏土：中压缩性，力学性质一般，厚度薄，不能作为桩基持力层。

$⑤_2$粉砂：力学性质较好，但厚度薄，且零星分布，不能作为桩端持力层。

$⑤_3$圆砾：稍密～中密，力学强度好，分布稳定，厚度较大，可作为桩基持力层。

根据国家和地方规范，对于钻孔灌注桩，场地各岩土层桩基础力学参数建议值见表 9-20。典型钻孔地层剖面图见图 9-23。

表 9-20　桩基础力学参数建议值

地层编号	土层名称	层顶埋深 /m	厚度 /m	F_{ak} /kPa	E_{s1-2} /MPa	钻孔灌注桩	
						q_{sa}/kPa	q_{pa}/kPa
①$_1$	吹填土	0～8.90	1.20～6.40	50	2.6	5.0	
②$_1$	含砂淤泥	2.80～13.40	2.60～9.90	55	2.8	6.5	
②$_2$	淤泥	9.50～18.70	9.10～17.20		1.7	5.5	
②$_3$	淤泥	23.60～30.20	7.80～16.10		2.0	6.5	
③$_1$	淤泥质黏土	34.10～44.20	13.80～22.70		2.5	10.0	
⑤$_1$	粉质黏土	56.60～62.80	0.30～4.60		4.8	22.0	500
⑤$_2$	粉砂	58.70～60.90	0.40～2.70		4.8	22.0	500
⑤$_3$	圆砾	58.80～64.40	8.20～16.60			45.0	1700
⑤$_{31}$	粉质黏土	66.70～72.80	0.30～0.90		4.5	20.0	500

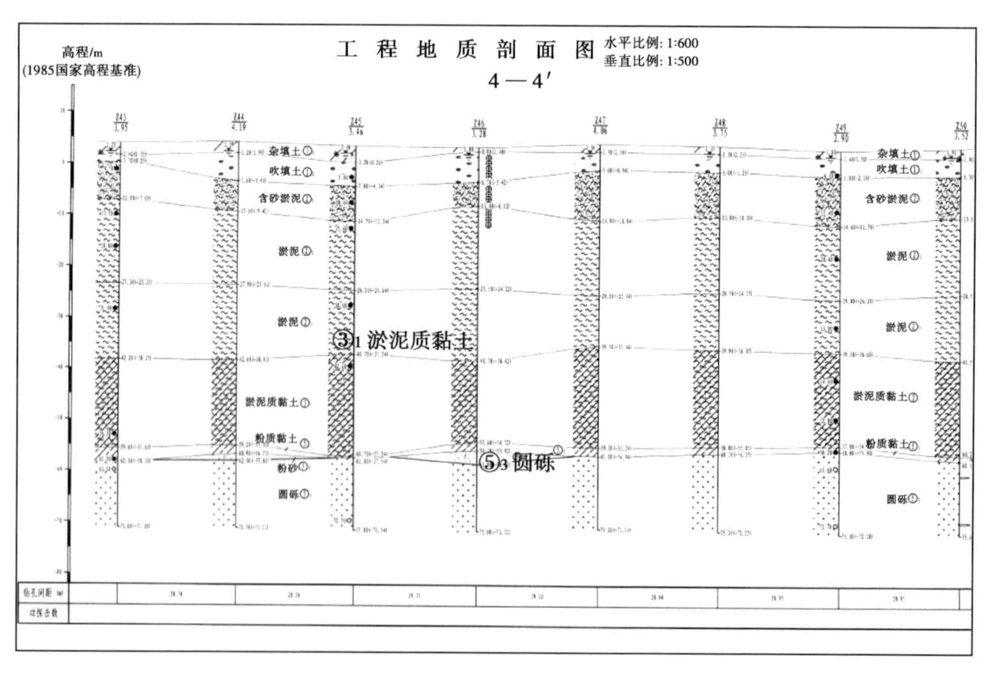

图 9-23　温州世茂璀璨瓯江项目典型钻孔地层剖面图

9.6.3 试桩设计

地下二层车库桩基础设计：桩承台基础+550 mm厚抗水板。单柱抗压工况（最大值）：2 000 kN，单柱抗拔工况（最大值）：2 000 kN。根据地勘报告进行估算，采用φ600 mm普通钻孔灌注桩，有效桩长58～60 m，进入持力层⑤₃圆砾不低于2.5 m，单桩抗拔承载力特征值约为1 000 kN，单柱下需设置2根抗拔桩。

桩基主要为抗拔控制，项目采用了3根注浆挤扩钻孔灌注桩的抗拔设计试桩，桩径为700 mm，水下混凝土等级为C35，试桩桩长为61～65 m，桩端持力层为⑤₃圆砾，进入持力层深度不小于2 m，抗拔钢筋配置为17d32（HRB400）。注浆挤扩段主要处于③₁淤泥质黏土、⑤₁粉质黏土、⑤₂粉砂、⑤₃圆砾中，高度为7.0 m，外径为900 mm。单根桩注浆水泥用量为1.9 t（P.O 42.5），水灰比为0.55。试桩单桩抗拔承载力特征值约为2 100 kN，试桩加载值不小于4 200 kN，并加载至极限破坏。

9.6.4 试桩结果

3根注浆挤扩钻孔灌注桩试桩都达到了承载力极限，当荷载加载至4 410 kN时，U-δ 曲线陡升，上拔量超过40 mm，无法持荷，试验终止。单桩竖向抗拔承载力极限值取4 200 kN。试验结果如表9-21所示。

表9-21 抗拔设计试桩静载试验结果

试桩桩号	要求最大试验荷载/kN	试验最大荷载/kN	试验最大荷载下桩顶沉降/mm	承载力极限值对于上拔量/mm	承载力极限值/kN
SZ1	4 200	4 410	74.75	14.55	4 200
SZ2	4 200	4 410	65.87	21.74	4 200
SZ3	4 200	4 410	57.41	16.6	4 200

静载试验的 U-δ 曲线见图9-24。

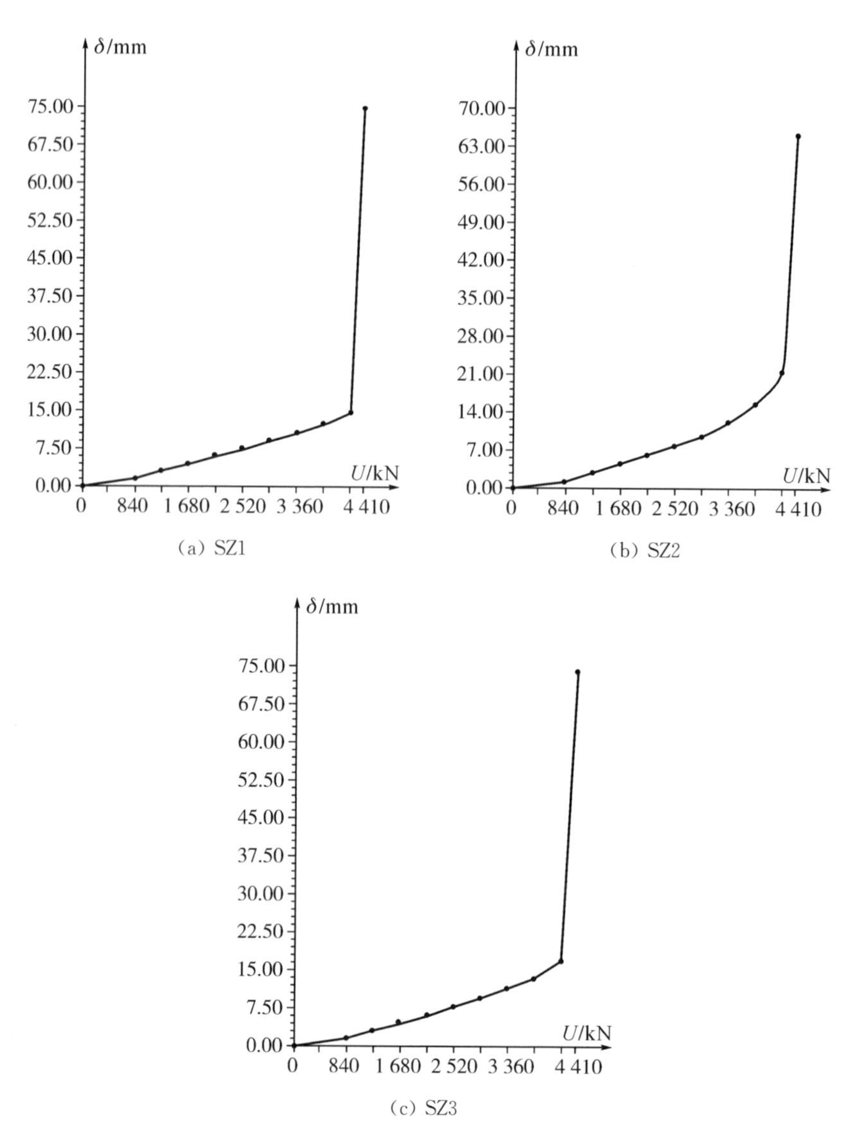

(a) SZ1

(b) SZ2

(c) SZ3

图 9-24 抗拔试桩的 U-δ 曲线

9.6.5 应用情况

注浆挤扩钻孔灌注桩的优异承载性能得到专家和设计单位的认可，注浆挤扩钻孔灌注桩成功应用于本项目中。根据抗拔力的需求，单桩抗拔承载力特征值按 2 000 kN 和 1 800 kN 设计，除抗拔配筋不同外，其余桩身设计均相同。注浆挤扩钻孔灌注桩节约成本 67 万元。施工验收合格。

参考文献

Vesic A S, 1972. Expansion of cavities in infinite soil mass[J]. Journal of the Soil Mechanics and Foundations Divison, 98(3): 265-290.

陈超鋆,周国钧,2012.国内外螺纹式异型灌注桩简析(二)——从预制型到灌注型的发展与创新[C]//第二届中国国际桩与深基础峰会.

陈竹昌,舒翔,1998.嵌岩长桩突然破坏机制的探讨[J].同济大学学报,26(5): 507-511.

龚晓南,2016.桩基工程手册[M].2 版.北京:中国建筑工业出版社.

顾国荣,陈晖,1996.旁压试验成果应用[J].上海地质,60(4): 20-30.

巨玉文,2017.挤扩支盘桩承载特性及强度计算[M].北京:中国建筑工业出版社.

林天健.现代异形桩及其力学特点的理论评述[J].力学与实践,1998,20(5): 1-5.

刘金砺,1990.桩基础设计与计算[M].北京:中国建筑工业出版社.

刘松玉,季鹏,韦杰,1998.大直径泥质软岩嵌岩灌注桩的荷载传递性状[J].岩土工程学报,20(4): 58-61.

马智杰,穆慧敏,1998.扩底桩的发展与应用[J].水利水电科技进展,18(5): 49-51.

彭雪平,周雷靖,2006.摩擦型冲(钻)孔灌注桩桩侧泥皮问题实例分析及处理[J].电力建设,27(2): 15-17.

沈保汉,2011.大直径钻孔扩底灌注桩[J].工程机械与维修(9): 146-154.

沈保汉,2011.后注浆桩技术(1)——后注浆桩技术的产生与发展[J].工业建筑(5): 64-66.

沈保汉,2012.静压沉管灌注桩和静压沉管扩底灌注桩(上)[J].工程机械与维修(2): 166-170.

沈保汉,2012.静压沉管灌注桩和静压沉管扩底灌注桩(下)[J].工程机械与维修(3): 158-163.

史佩栋,2008.桩基工程手册[M].北京:人民交通出版社.

万志辉,2019.大直径后压浆桩承载力提高机理及基于沉降控制的设计方法研究[D].南京:东南大学.

王秀哲,龚维明,薛国亚,等,2004.桩端后注浆技术的研究现状及发展[J].施工技术(5): 28-31.

武熙,武维承,孙和,2004.挤扩支盘桩及其成形设备[M].北京:机械工业出版社.

杨超,汪稔,孟庆山,2011.滨海沉积软土中旁压试验成果分析[J].岩土力学,32(S1): 275-279.

杨克己,2011.实用桩基工程[M].北京:人民交通出版社.

杨石飞,顾国荣,董建国,2002.旁压试验确定上海软土地区的单桩承载力[J].上海地质,84(4): 41-46.

张忠苗,2001.软土地基超长嵌岩桩受力性状[J].岩土工程学报,23(5):552-556.
张忠苗,2007.桩基工程[M].北京:中国建筑工业出版社.
赵明华,2000.桥梁桩基工程计算与检测[M].北京:人民交通出版社.
中国建筑科学研究院,2003.建筑基桩检测技术规范:JGJ 106—2003[S].北京:中国建筑工业出版社.
中国建筑科学研究院,2008.建筑桩基技术规范:JGJ 94—2008[S].北京:中国建筑工业出版社.
中国建筑科学研究院,2010.混凝土结构设计规范:GB 50010—2010[S].北京:中国建筑工业出版社.
中国建筑科学研究院,2012.建筑地基基础设计规范:GB 50007—2012[S].北京:中国建筑工业出版社.

索 引